浙江省普通高校"十三五"新形态教材

应用高等数学

工科类 上册

主　　审　　于德明

主　　编　　戎　笑　宋　维

副 主 编　　有名辉　范献胜

编写人员　　（按姓氏笔画排序）

于德明　王　飞　王晓宇　戎　笑

有名辉　孙　洁　孙　霞　宋　维

范献胜　章　茜　董　飞

浙江科学技术出版社

图书在版编目(CIP)数据

应用高等数学：工科类. 上册 / 戎笑，宋维主编. — 杭州：浙江科学技术出版社，2022.6(2023.7 重印)
ISBN 978 - 7 - 5739 - 0040 - 1

Ⅰ. ①应… Ⅱ. ①戎… ②宋… Ⅲ. ①高等数学—高等职业教育—教材 Ⅳ. ①O13

中国版本图书馆 CIP 数据核字(2022)第 071200 号

书 名	应用高等数学(工科类　上册)
主 编	戎 笑 宋 维

出版发行 浙江科学技术出版社
　　　　　杭州市体育场路 347 号　邮政编码：310006
　　　　　联系电话：0571 - 85176040
　　　　　E-mail：zkpress@zkpress.com

排 版	杭州天一图文制作有限公司
印 刷	杭州宏雅印刷有限公司

开 本	889×1194　　1/16	印 张	8.5
字 数	240 000		
版 次	2022 年 6 月第 1 版	印 次	2023 年 7 月第 2 次印刷
书 号	ISBN 978 - 7 - 5739 - 0040 - 1	定 价	35.00 元

责任编辑	陈淑阳	封面设计	金　晖
责任校对	张　宁	责任印务	田　文

序

教育是国之大计、党之大计。为了深入贯彻党的二十大精神,深化教育领域综合改革,加强教材建设和管理,深入推进我省高职高专教育教学信息化工作,促进"互联网＋教育"背景下"十三五"新形态教材建设,鼓励数学教师利用信息技术创新教材形态,充分发挥新形态教材在课堂教学改革和创新方面的作用,不断提高课程教学质量,浙江省数学会职教数学专业委员会在浙江省数学会的领导下,对使用多年的原《应用高等数学》系列教材,在保持原来框架和特色的基础上,按照新形态教材的要求进行再次修订。在浙江省数学会职教数学专业委员会的组织和指导下,由浙江机电职业技术学院作为申报单位,由多名来自不同高职院校的主编联合申报,本次修订后的系列教材成功列入浙江省普通高校"十三五"新形态教材项目。

本系列教材的前身为 2001 年出版的《应用高等数学》,该教材在 2005 年被浙江省教育厅、浙江省财政厅列入浙江省重点规划教材,一直在我省高职高专院校沿用至今,其间经过多次修订,内容日益完善。新修订后的系列教材分为工科类(上、下册)、医药类、经管类、建设类、计算机类,共五类六册。参加编写的学校有:浙江机电职业技术学院、浙江建设职业技术学院、杭州医学院、嘉兴职业技术学院、衢州职业技术学院、浙江邮电职业技术学院、浙江药科职业大学。

本系列教材的参编者都是长期从事高职高专数学教学的一线老师,大部分是各院校数学学科带头人,具有丰富的教学经验。教材编写传承原教材的精髓,坚持思想性、科学性、时代性、应用性和系统性原则。本系列教材结合新时代新征程的新要求,结合浙江省经济、社会发展的形势和高职高专学校的实际需要,具有专业特色突出、取材合适实用、深浅难易适宜、视频讲解直观、激发学生兴趣等特点,非常适合高职高专院校和中职学校使用。

党的二十大报告指出,要办好人民满意的教育,要推进教育数字化,建设全民终身学习的学习型社会、学习型大国。新出版的新形态教材按照现代教育思想,通过移动互联网技术,以嵌入二维码的纸质材料为载体,嵌入视频、音频、作业、试卷、拓展资源、主题讨论等数字资源,将教材、课堂、教学资源三者融合,实现线上、线下结合的教材出版新模式,是一套建立在现代教育教学信息技术基础上的高质量新形态教材。

本系列教材各分册的主编:工科类上册为戎笑、宋维,工科类下册为孙霞,医药类为华荣伟、史彦龙,建设类为徐仁旭,经管类为何建东、陈伟军,计算机类为张有正、张其林。主审为于德明、金辉、虞峰、孔亚仙、沈建根、陈建芳老师。参编者不辞辛劳,齐心协力,锐意创新,精心制作,精益求精。在此特向他们表示诚挚的感谢!

我省高职高专数学界的前辈骆忍冬、王潘玲、施沛沄、洪哲、王小明、于德明、孔亚仙、沈建根、金辉、陈建芳老师,是早期主持编写本系列教材的学者。多年来,他们始终积极参与本系列教材的撰写、修订和组织工作,为提高本系列教材的质量做出了重要贡献。在此特向他们致以崇高的敬意!

本系列教材的编写得到了浙江省数学会职教数学专业委员会会长杨迪明老师的大力支持。在此特向他表示衷心的感谢!同时,感谢新形态教材申报单位浙江机电职业技术学院在新形态教材申报、立项方面所做的贡献!

本系列教材的编写和出版得到了浙江科学技术出版社的大力支持,在此特向该单位表示衷心的感谢!

本系列教材将以崭新的形态、新颖的方式,通过移动互联网图文并茂地呈现给读者。

浙江省数学会职教数学专业委员会

2023 年 6 月

前　言

进入 21 世纪后,高等职业教育作为高等教育的一个重要组成部分,以超常规的速度在发展。高等职业教育不仅在培养现代社会的职业人,而且在培养高素质的社会主义事业的建设者,这种认识慢慢地得到了各级教育行政部门的认可。作为高等职业工科院校的一门公共基础类课程,高等数学在培养学生的逻辑思维、分析解决问题的能力,全方位地提升学生的综合素质等方面,其地位与作用也慢慢地受到各级教育行政部门、高等职业院校有识之士的重视。伴随着高等职业教育的高速发展,高等数学的教学改革也在如火如荼地展开。

在浙江省数学会职教数学专业委员会的协调下,在浙江省多所高职高专院校长期从事高等数学教学、具有丰富教学经验的老师联合编写了这套《应用高等数学》系列教材。《应用高等数学》共分五大类,包括《应用高等数学(工科类　上、下册)》《应用高等数学(建设类)》《应用高等数学(计算机类)》《应用高等数学(经管类)》《应用高等数学(医药类)》,内容涵盖工科、建设、计算机、财经、文秘、医药和农林等方面。

《应用高等数学(工科类　上、下册)》坚持"大平台,分层次,活模块,多接口"的原则,有以下几个特色:

1. 问题导入。每章的开始部分都设置了几个问题。对问题的思考,能激发学生的学习兴趣,调动他们的主观能动性,从而让他们了解本章的学习内容,以及知道能解决什么问题。

2. 内容整合。本教材对极限、导数、积分三块内容进行了结构优化,改变了传统的数学学科体系,符合浙江省高等职业院校的实际教学现状。至于其余内容,不同专业可根据需要进行模块选择。

3. 强化应用。我们认为当前高等职业院校的高等数学教学,应该更注重教学生掌握新的逻辑思维方法及分析解决简单实际问题的能力。因此,本教材的编写较侧重于应用问题的分析与解题方法的培养。

4. 降低难度。与以往教材相比,本教材已大大地降低了难度,内容力求简洁,使学生一拿到书,心理负担就减轻了一半。本教材深入贯彻浙江省教育厅教育发展规划精神,符合当前高等职业院校的高等数学教学现状,更体现了以人为本的精神。

5. 数学实验。每章最后都配有简单易懂的 Mathematica,帮助学生在理解数学方法的前提下,掌握一类数学软件,借助计算机来解决实际问题。

6. 书后附录。教材最后放置了一些附录(公式、数表),便于学生自己复习、查找所需知识点。

《应用高等数学(工科类 上、下册)》由浙江机电职业技术学院数学教师集体编写,由于德明主审。具体参编情况如下:上册主编为戎笑、宋维,第一章由戎笑、孙霞编写,第二章由宋维、王飞编写,第三章由于德明、戎笑、章茜编写,第四章由有名辉、董飞编写,第五章由范献胜、王晓宇编写,各章中的"知识加油站"由宋维、孙洁编写;下册主编为孙霞,第一章由孙霞、宋维编写,第二章由孙霞、有名辉编写,第三章由王飞、王晓宇编写,第四章由于德明、王飞、董飞编写,第五章由戎笑、章茜、范献胜编写,各章中的"知识加油站"由孙霞、孙洁编写。

都说高等数学难,教师反映上课难,学生反映学习难。编者认为高等数学确实难,一是因为课程的特点,作为大学的一门基础课程,它改变了我们传统的认识,教给我们新的逻辑思维方法,故自然有其难的所在;二是因为课程的人为属性,数学教师总是跟学生谈系统性与严密性,可是生产一线的工程技术人员更看重数学的应用,而国外教材实际上也没有这么难。为此,我们带领教学团队做一些尝试,进行一些改革,这也算是抛砖引玉。

本教材定位于高等职业院校高等数学课程用书,不适合作为"专升本"高等数学培训用书。

由于编者水平有限,加之时间仓促,书中难免有不妥之处,敬请读者不吝赐教。

编　者

2022 年 3 月

目　　录

第一章　函数与极限

章 节 导 读

党的二十大报告指出,深度参与全球产业分工和合作,维护多元稳定的国际经济格局和经贸关系,这是中国一贯奉行的国际贸易原则.在国家政策的指引下,某玩具公司加大了对外出口力度,已知该玩具公司生产 x 件玩具将花费 $\left[400+5\sqrt{x(x-4)}\right]$ 元.如果每件玩具卖 48 元,那么公司生产 x 件玩具获得的净利润是多少?生产多少件玩具时,能获得最大利润?

§1-1　初 等 函 数

函数的概念

在日常生活中,我们经常会看到两个事物之间存在着某种联系.例如,物品的单价确定后,付款金额与购买数量之间存在着一种关系;某天的气温与所处的时间之间存在着一种关系;汽车的耗油量与所行驶的路程之间存在着一种关系.我们把上述这些关系统称为函数关系.

> **定义**　设 D 是一个实数集,如果有一个**对应法则** f,对于每一个 $x\in D$,都有唯一确定的实数 y 与它对应,则将对应法则 f 称为定义在 D 上的一个**函数**,记作 $y=f(x)$,其中 x 称为**自变量**,y 称为**因变量**,数集 D 称为函数的**定义域**.当 x 取遍 D 中的数时,对应的函数值 $f(x)$ 的全体所构成的集合 M 称为函数的**值域**.

函数的定义域、对应法则称为函数的两要素.在函数定义中,由定义域与对应法则确定函数的值域.如果两个函数的定义域、对应法则均相同,那么这两个函数是同一个函数,否则是两个不同的函数.如 $y=|x|$ 与 $y=\sqrt{x^2}$,因为它们的定义域与对应法则完全相同,所以它们是同一个函数;而 $y=1$ 与 $y=\dfrac{x}{x}$,因为它们的定义域不同,所以它们是两个不同的函数.

✳ 函数的定义域

如果一个函数是用解析式来表示的,那么我们约定其定义域是使解析式有意义的一切实数所组成的集合.要使解析式有意义,一般应考虑以下五个方面:

> a. 分母不等于零;　　　　　　　　b. 偶次根式根号内的式子大于等于零;
>
> c. $\log_a x$ 的真数大于零;　　　　　d. $\arcsin x,\arccos x$ 中,$|x|\leqslant 1$;
>
> e. 如果解析式中含有分式、根式和反三角函数式,则应取各部分定义域的交集.

例 1　已知函数 $y=\dfrac{x+7}{\sqrt{x-2}}$,求定义域.

解　因为分母不能为 0,偶次根式根号内的式子非负,则有

$x - 2 > 0$，即 $x > 2$，

所以函数的定义域为 $(2, +\infty)$.

例题拓展

例 2 求函数 $y = \log_3(x-1) + \arcsin \dfrac{2x-1}{4}$ 的定义域.

解 因为对数函数的真数必须大于零，同时考虑反正弦函数的定义域要求，则有

$$\begin{cases} x - 1 > 0, \\ -1 \leqslant \dfrac{2x-1}{4} \leqslant 1, \end{cases}$$

解得 $\begin{cases} x > 1, \\ -1.5 \leqslant x \leqslant 2.5, \end{cases}$ 则 $1 < x \leqslant 2.5$，

所以函数的定义域为 $(1, 2.5]$.

在研究函数时，经常涉及邻域的概念. 设 x_0 是实数轴上的一点，δ 为某一正数，我们把以 x_0 为中心，长度为 2δ 的开区间 $(x_0 - \delta, x_0 + \delta)$ 称为**点 x_0 的 δ 邻域**，记作 $U(x_0, \delta)$，即 $U(x_0, \delta) = \{x \mid x_0 - \delta < x < x_0 + \delta\}$.

有时需要把邻域中心去掉，去掉中心 x_0 后的点 x_0 的 δ 邻域称为**点 x_0 的去心邻域**，记作 $\mathring{U}(x_0, \delta)$，即 $\mathring{U}(x_0, \delta) = \{x \mid 0 < \mid x - x_0 \mid < \delta\}$.

❈ **函数值**

当自变量 x 在定义域内取某一定值 x_0 时，按对应法则 f 得出的因变量 y 的对应值称为**当 $x = x_0$ 时的函数值**，记为 $f(x_0)$.

例 3 已知 $f(x) = x^2 + x + 5$，求 $f(-1)$，$f(-x)$.

解 $f(-1) = (-1)^2 + (-1) + 5 = 5$，

$f(-x) = (-x)^2 + (-x) + 5 = x^2 - x + 5$.

例题拓展

例 4 已知 $f(x+1) = x^2 - x + 3$，求 $f(x)$，$f(1)$，$f(x^2)$.

解 令 $x + 1 = t$，则 $x = t - 1$，

$f(t) = (t-1)^2 - (t-1) + 3 = t^2 - 3t + 5$，

改写为 $f(x) = x^2 - 3x + 5$，

易得 $f(1) = 1^2 - 3 \times 1 + 5 = 3$，

$f(x^2) = (x^2)^2 - 3(x^2) + 5 = x^4 - 3x^2 + 5$.

❈ **函数的表示法**

通常，函数有三种表示法：**表格法、图形法和公式法（又称解析法）**.

在定义域的不同区间内，用不同的式子分段表示的函数称为**分段函数**. 如

$$f(x) = \begin{cases} -1, & x < 0, \\ 2x, & x \geqslant 0, \end{cases}$$

就是一个分段函数.

注：上面的函数不是两个函数，而是用两个解析式表示的一个函数. 因此，要求定义域内某个自变量 x 的对应函数值时，一定要注意将此自变量代入分段函数在相应定义区间内的解析式. 分段函数的定义域是各自变量取值集合的并集.

例5 设 $f(x) = \begin{cases} e^x, & x \leqslant 0, \\ x, & x > 0, \end{cases}$ 求 $f(-1)$, $f(0)$, $f(1)$,并绘出函数图象.

解 $f(-1) = e^{-1}$, $f(0) = e^0 = 1$, $f(1) = 1$,图象如图 1-1.

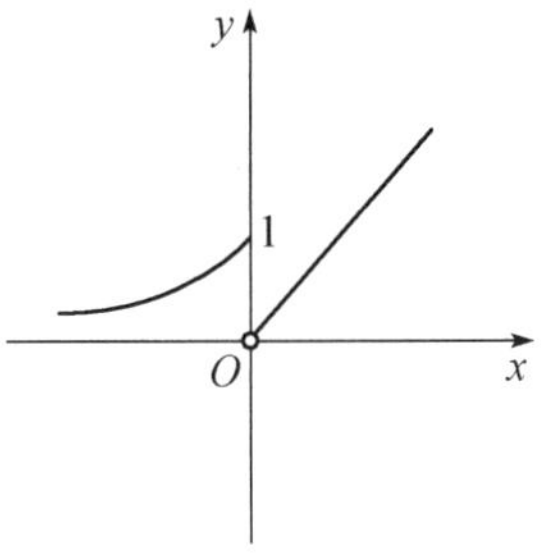

📝 **基本初等函数**

在中学时,我们已经学过六类基本初等函数.

❋ **常数函数 $y = C(C$ 为常数$)$**

❋ **幂函数 $y = x^\alpha(\alpha$ 为实数$)$**

图 1-1

为了便于比较,我们只讨论 $x \geqslant 0$ 的情形,$x < 0$ 的情形可由函数奇偶性得出.
当 $\alpha > 0$ 时,图象过点 $(0,0)$ 和点 $(1,1)$,函数在 $(0, +\infty)$ 内单调递增,如图 1-2.
当 $\alpha < 0$ 时,图象过点 $(1,1)$,函数在 $(0, +\infty)$ 内单调递减,渐近线为 x 轴和 y 轴,如图 1-3.

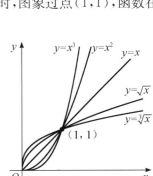

图 1-2

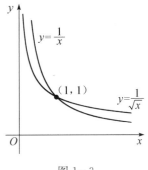

图 1-3

❋ **指数函数 $y = a^x(a > 0, a \neq 1)$**

定义域是 $(-\infty, +\infty)$,值域是 $(0, +\infty)$.图象在 x 轴上方,过点 $(0,1)$.
当 $a > 1$ 时,函数单调递增,渐近线为 x 轴负半轴;
当 $0 < a < 1$ 时,函数单调递减,渐近线为 x 轴正半轴,如图 1-4.

❋ **对数函数 $y = \log_a x(a > 0, a \neq 1)$**

定义域是 $(0, +\infty)$,值域是 $(-\infty, +\infty)$.图象在 y 轴右方,过点 $(1,0)$.
当 $a > 1$ 时,函数单调递增,渐近线为 y 轴负半轴;
当 $0 < a < 1$ 时,函数单调递减,渐近线为 y 轴正半轴,如图 1-5.

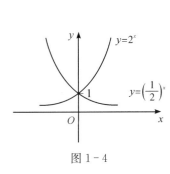

图 1-4

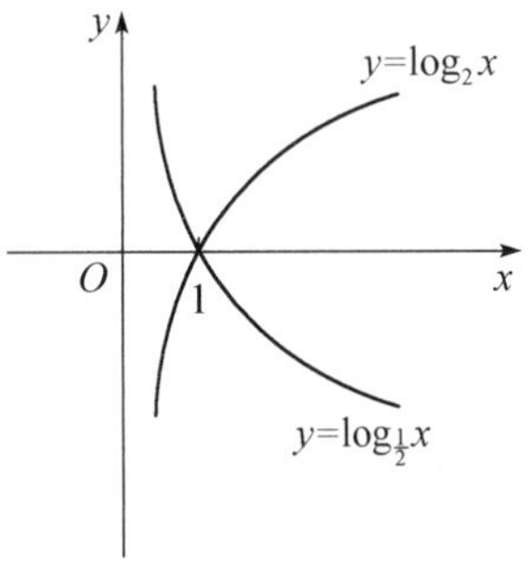

图 1-5

以 e 为底的对数函数 $y = \log_e x$ 叫作自然对数,记作 $y = \ln x$.

✱ 三角函数

正弦函数 $y = \sin x$：定义域是 $(-\infty, +\infty)$，值域是 $[-1, 1]$，以 2π 为周期，有界，如图 $1-6$.

余弦函数 $y = \cos x$：定义域是 $(-\infty, +\infty)$，值域是 $[-1, 1]$，以 2π 为周期，有界，如图 $1-7$.

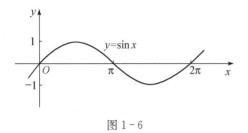

图 $1-6$

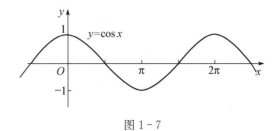

图 $1-7$

正切函数 $y = \tan x$：定义域是 $\left\{ x \mid x \in \mathbf{R}, 且 x \neq k\pi + \dfrac{\pi}{2}, k \in \mathbf{Z} \right\}$，值域是 $(-\infty, +\infty)$，以 π 为

周期，函数在 $\left(k\pi - \dfrac{\pi}{2}, k\pi + \dfrac{\pi}{2} \right)$ 内单调递增，渐近线为直线 $x = k\pi + \dfrac{\pi}{2}(k \in \mathbf{Z})$，如图 $1-8$.

余切函数 $y = \cot x$：定义域是 $\{ x \mid x \in \mathbf{R}, 且 x \neq k\pi, k \in \mathbf{Z} \}$，值域是 $(-\infty, +\infty)$，以 π 为周期，函数在 $(k\pi, k\pi + \pi)$ 内单调递减，渐近线为直线 $x = k\pi(k \in \mathbf{Z})$，如图 $1-9$.

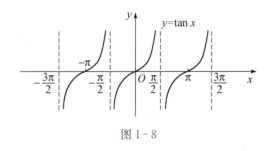

图 $1-8$

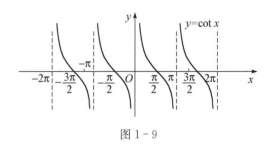

图 $1-9$

✱ 反三角函数

反正弦函数 $y = \arcsin x$：定义域是 $[-1, 1]$，值域是 $\left[-\dfrac{\pi}{2}, \dfrac{\pi}{2} \right]$，函数在定义域内单调递增，有界，如图 $1-10$.

反余弦函数 $y = \arccos x$：定义域是 $[-1, 1]$，值域是 $[0, \pi]$，函数在定义域内单调递减，有界，如图 $1-11$.

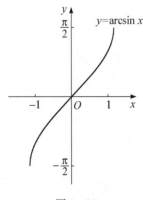

图 $1-10$

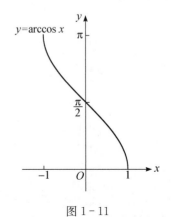

图 $1-11$

反正切函数 $y = \arctan x$：定义域是 $(-\infty, +\infty)$，值域是 $\left(-\dfrac{\pi}{2}, \dfrac{\pi}{2}\right)$，函数在定义域内单调递增，有界，渐近线为 $y = \dfrac{\pi}{2}$ 和 $y = -\dfrac{\pi}{2}$，如图 1-12.

反余切函数 $y = \operatorname{arccot} x$：定义域是 $(-\infty, +\infty)$，值域是 $(0, \pi)$，函数在定义域内单调递减，有界，渐近线为 $y = 0$ 和 $y = \pi$，如图 1-13.

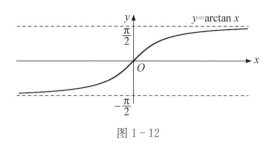

图 1-12

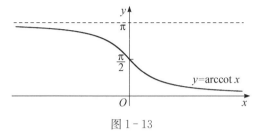

图 1-13

习题 1-1

1. 求下列函数的定义域：

    (1) $y = \ln(3 - x)$;

    (2) $y = \dfrac{1}{x-1} + \dfrac{x}{x-2}$;

    (3) $y = \dfrac{\sqrt{x-2}}{x-5}$;

    (4) $y = \arcsin(x - 1)$.

2. 设 $f(x) = \dfrac{x}{1+2x}$，求 $f(2)$，$f(-x)$，$f\left(\dfrac{1}{x}\right)$.

3. 设 $f(x) = \begin{cases} -x - 1, & x < 0, \\ x^2, & x \geqslant 0, \end{cases}$ 求 $f(-1)$，$f(0)$，$f(2)$，并绘出函数图象.

4. $f(4x - 1)$ 的定义域是 $[-1, 3]$，求 $f(x)$ 及 $f(x + 2)$ 的定义域.

5. 求 $y = \dfrac{\mathrm{e}^x + 2}{\mathrm{e}^x + 1}$ 的反函数.

§1-2　函数关系的建立

经济类函数

❋ 需求函数

在经济活动中，消费者对市场中的一种商品的需求量受到许多因素的影响. 价格是影响需求量的一个很重要的因素，若忽略其他因素的影响，则某种商品的市场需求量 Q 是该商品的价格 p 的函数，称为**需求函数**，记作

$$Q = Q(p), \ p \geqslant 0.$$

❋ 供给函数

如果市场中的每一种商品直接由生产者提供，生产者的供给量也会受到许多因素的影响，其中价格是影响供给量的一个很重要的因素，忽略其他因素的影响，则某种商品的供给量 S 是该商品的

价格 p 的函数,称为**供给函数**,记作

$$S = S(p), p \geqslant 0.$$

一般而言,商品的需求量随商品的价格上涨而减少,因此商品的需求量 Q 是商品价格 p 的减函数;商品的供给量随商品的价格上涨而增加,因此商品的供给量 S 是商品价格 p 的增函数.

✽ 均衡价格

价格的变化会引起供求的变化,供求的变化也会导致价格的涨落.**均衡价格**是指一种商品的需求量与供给量相等时的价格,这时商品的需求量与供给量相等,称为**均衡数量**.我们将供给函数 S 和需求函数 Q 的曲线画在同一坐标系中,如图 1-14 所示.它们相交于点 (p_0, Q_0),p_0 是均衡价格,Q_0 是均衡数量.

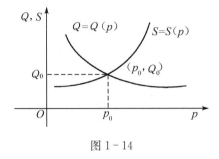

图 1-14

例 1 某种商品的需求函数和供给函数分别为

$$Q = -p^2 + 4p + 12,$$
$$S = p^2 - 4.$$

求该商品的均衡价格和均衡数量.

解 由均衡条件 $Q = S$ 得

$$-p^2 + 4p + 12 = p^2 - 4,$$

整理,得 $2p^2 - 4p - 16 = 0,$

解此二次方程,得 $p_1 = 4, p_2 = -2,$

显然,p_2 不符合题意,故舍去. 因此,有

$$p_0 = 4, Q_0 = 12.$$

即该商品的均衡价格为 4,均衡数量为 12.

✽ 收益函数

收益是指生产者通过出售商品得到的收入,平均收益是指生产者通过出售每单位商品所得的平均收入,即每单位商品的售价.

若以销量 q 为自变量,收益 R 为因变量,R 与 q 之间的函数关系称为**收益函数**.若已知需求函数 $Q = Q(p)$,则收益函数可记作

$$R = R(q) = qp = qQ^{-1}(q), q \geqslant 0,$$

其中 $p = Q^{-1}(q)$,是价格函数.

例 2 已知某种商品的需求函数 $Q = 3000 - 5p$(万元)(其中 p 是商品的价格),试求该商品的收益函数,并求出销售量为 200 件时的收益.

解 由需求函数可得 $5p = 3000 - q, p = 600 - 0.2q.$
该商品的收益函数 $R(q) = qp = 600q - 0.2q^2,$
由此可得销售量为 200 件时的收益 $R = 600 \times 200 - 0.2 \times 200^2 = 112000$(万元).

✽ 成本函数

成本是指生产特定产量的产品所需要的费用总额,它包括两部分:固定成本和可变成本.固定

成本是在一定限度内不随产量变动而变动的费用,如厂房、设备等. 可变成本是随产量变动而变动的费用,如原材料、能源等.

若以 q 表示产量,C 表示成本,则 C 与 q 之间的函数关系称为**成本函数**,记作

$$C = C(q) = C_0 + V(q), \quad q \geqslant 0,$$

其中 $C_0 \geqslant 0$,是固定成本,$V(q)$ 是可变成本.

❉ 利润函数

利润是生产者收入扣除成本后的剩余部分. **利润函数**为收益函数 $R = R(q)$ 与成本函数 $C = C(q)$ 之差,记作 $L(q)$,即 $L = R - C$,或

$$L(q) = R(q) - C(q),$$

其中 q 是产品数量.

例 3 已知生产某种商品 q 件时的固定成本为 10 万元,可变成本为 $(5q + 0.2q^2)$ 万元,每件商品的销售价格为 9 万元. 求:

(1) 利润函数与平均利润函数;

(2) 销售量为 10 件时的利润与平均利润;

(3) 销售量为 20 件时的利润.

解 由题意知,成本 $C(q) = 10 + 5q + 0.2q^2$,该商品的收益函数 $R(q) = 9q$(万元).

(1) 利润 $L(q) = R(q) - C(q) = 9q - (10 + 5q + 0.2q^2) = -0.2q^2 + 4q - 10$,

平均利润 $\bar{L}(q) = \dfrac{L(q)}{q} = -0.2q + 4 - \dfrac{10}{q}$;

(2) 销售量为 10 件时的利润

$$L(10) = -0.2 \times 10^2 + 4 \times 10 - 10 = 10(\text{万元}),$$

此时的平均利润

$$\bar{L}(10) = \frac{L(10)}{10} = 1(\text{万元});$$

(3) 销售量为 20 件时的利润

$$L(20) = -0.2 \times 20^2 + 4 \times 20 - 10 = -10(\text{万元}).$$

通过上面这个例子我们发现,利润并不是随销售量的增加而增加的.

❉ 银行复利问题

例 4 年初将 100 元现金存入银行,扣税后年利率为 2.05%,试用复利公式计算第 10 年年末的本息和.

解 分析:设本金为 A_0,年利率为 r,计息年数为 n,本息和为 A_n,则第 1 年年末的本利和 $A_1 = A_0(1+r)$,第 2 年年末的本息和 $A_2 = A_0(1+r)^2$,$\cdots$,第 n 年年末的本息和 $A_n = A_0(1+r)^n$.

若每年年底结算一次,则第 10 年年末的本息和

$$A_{10} = 100(1 + 0.0205)^{10} \approx 122.50(\text{元}).$$

在本题中,如果每年分 m 次计息,每期利率可认为是 $\dfrac{r}{m}$,第 n 年年末的本息和

$$A_n = A_0\left(1 + \frac{r}{m}\right)^{mn}.$$

例 5 自 2016 年提出"房子是用来住的,不是用来炒的"后,不少城市出台调控政策,因此刚需购房者成为买房主力.党的二十大报告再次强调了该理念.无房户王某看中了一套价值 100 万元的商品房.目前他已筹集了 50 万元,还需借款 50 万元.假设借款月利率为 0.5%,条件是每月的还款金额相同,25 年还清,假如还不起,房子归债权人.王某应具备什么样的能力才能借款购房?

解 分析:起始借款 50 万元,借款月利率 $r = 0.005$,借期(月) $= 12$(月／年) $\times 25$(年) $= 300$(月),每月还 x 元,y_n 表示第 n 月仍欠债主的钱,则

$$y_0 = 500000, y_1 = y_0(1+r) - x, y_2 = y_1(1+r) - x = y_0(1+r)^2 - x[(1+r)+1],$$

$$y_3 = y_2(1+r) - x = y_0(1+r)^3 - x[(1+r)^2 + (1+r) + 1], \cdots,$$

$$y_n = y_{n-1}(1+r) - x = y_0(1+r)^n - x[(1+r)^{n-1} + (1+r)^{n-2} + \cdots + (1+r) + 1]$$

$$= y_0(1+r)^n - \frac{x[(1+r)^n - 1]}{r}.$$

当借款还清时,$y_n = 0$,可得

$$x = \frac{y_0 r(1+r)^n}{(1+r)^n - 1}.$$

将 $n = 300, r = 0.005, y_0 = 500000$ 代入上式得 $x = 3221.5$,
即王某应具备每月还 3221.5 元的能力才能借款购房.

📝 **工程类函数**

例 6 曲柄连杆机构(如图 1-15)利用曲柄 OA 的旋转运动,通过连杆 AB 使滑块 B 做往复直线运动.设曲柄 OA 的长度为 r,连杆 AB 的长度为 l,曲柄以等角速度 ω 绕 O 旋转,求滑块 B 的运动规律.

解 假设曲柄 OA 开始做旋转运动时,A 在 D 处.设滑块 B 的运动规律 $s = s(t)$,由图 1-15 可知,

$s = OC + CB$.

由 $OC = r\cos\varphi, CA = r\sin\varphi, \varphi = \omega t$ 可得 $OC = r\cos\omega t$,$CA = r\sin\omega t$.

在 $Rt\triangle ABC$ 中,$CB = \sqrt{AB^2 - CA^2} = \sqrt{l^2 - r^2\sin^2\omega t}$,因此滑块 B 的运动规律

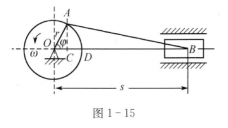

图 1-15

$$s = r\cos\omega t + \sqrt{l^2 - r^2\sin^2\omega t}, t \in [0, +\infty).$$

例 7 电脉冲发生器产生一个三角脉冲,其波形见图 1-16,写出电压 U(V)与时间 t(μs)之间的函数解析式.

解 当 $0 \leqslant t < 6$ 时,电压 U 由 0 V 直线上升到 8 V,线段 OA 的方程是 $U = \frac{4}{3}t$;

当 $6 \leqslant t \leqslant 12$ 时,电压 U 由 8 V 直线下降到 0 V,线段 AB 的方程是 $U = -\frac{4}{3}t + 16$.

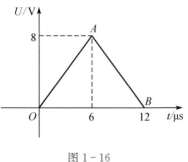

图 1-16

综上,可得 $0 \sim 12~\mu s$ 这段时间内电压 U 与时间 t 之间的函数解析式:

$$U = \begin{cases} \dfrac{4}{3}t, & 0 \leqslant t < 6, \\[2mm] -\dfrac{4}{3}t + 16, & 6 \leqslant t \leqslant 12. \end{cases}$$

习题 1-2

1. 已知需求函数 $Q = \dfrac{75 - 3p}{3}$(其中 p 表示价格),供给函数 $S = \dfrac{2p - 15}{9}$(其中 S 表示供给量, p 表示价格),求均衡价格 p.

2. 设某商品的需求函数 $Q = 200 - 5p$(其中 p 表示价格),试求:
   (1) 该商品的收益函数;
   (2) 销售量为 20 件时的收益和平均收益.

3. 设某商品的成本函数是线性函数,并已知产量为 0 时成本为 10000 元;产量为 100 件时成本为 40000 元. 求:
   (1) 固定成本和成本函数;
   (2) 产量为 200 件时的成本和平均成本.

4. 设某产品的市场需求函数 $Q = 125 - 5p$(其中 p 表示价格,单位为百元). 若生产该产品的固定成本为 10000 元,多生产一个产品成本增加 200 元,且工厂自产自销,产销平衡. 试求工厂的利润函数 L.

5. 设一套商品房价值 300 万元,小张自筹了 150 万元,要购房还需借款 150 万元. 假设借款月利率为 0.5%,条件是每月的还款金额相同,20 年还清. 小张每月应还款多少元?

6. 用半径为 R、中心角为 α 的扇形,做成一个母线长为 R 的无底圆锥体. 试将这圆锥体的体积 V 表示成 α 的函数,并指明定义域.

7. 旅客乘坐火车时,可免费随身携带不超过 20 kg 的物品,超过 20 kg 部分收费 0.5 元/kg,超过 50 kg 部分再加收 50%. 试列出收费 y 与物品质量 x 间的函数解析式.

§1-3　自变量 $x \to \infty$ 时函数的极限

数列的极限

例 1 观察下列数列的变化趋势:

(1) $\dfrac{1}{2}, \dfrac{1}{4}, \dfrac{1}{8}, \dfrac{1}{16}, \cdots, \dfrac{1}{2^n}, \cdots$

(2) $1, \dfrac{5}{2}, \dfrac{5}{3}, \dfrac{9}{4}, \dfrac{9}{5}, \cdots, \dfrac{2n + (-1)^n}{n}, \cdots$

(3) $1, -1, 1, -1, 1, \cdots, (-1)^{n+1}, \cdots$

解　观察上述数列,不难发现:

(1) 当 n 无限增大时,分母无限增大,分子为常数 1,数列的通项 $a_n = \dfrac{1}{2^n}$ 无限趋近于常数 0;

(2) 当 n 无限增大时,数列的通项 $a_n = \dfrac{2n + (-1)^n}{n} = 2 + \dfrac{(-1)^n}{n}$ 无限趋近于常数 2;

(3) 当 n 无限增大时,分 n 为奇数与偶数两种情况讨论,数列的通项 $a_n = (-1)^{n+1}$ 始终是 1 或

－1，而不能趋近于一个确定的常数.

定义 1　对于无穷数列 $\{a_n\}$，如果当项数 n 无限增大时，数列 $\{a_n\}$ 的通项 a_n 无限趋近于一个确定的常数 A，则称 A 为数列 $\{a_n\}$ **在 n 趋于无穷大时的极限**，记作

$$\lim_{n \to \infty} a_n = A.$$

此时也称数列 $\{a_n\}$ 在 n 趋于无穷大时**收敛**于 A．若当 n 无限增大时，数列 $\{a_n\}$ 的极限不存在，则认为数列 $\{a_n\}$ 是**发散**的．

根据数列极限的定义，例 1 中的三个数列有：

(1) $\lim\limits_{n \to \infty} \dfrac{1}{2^n} = 0$；　(2) $\lim\limits_{n \to \infty} \dfrac{2n + (-1)^n}{n} = 2$；　(3) 数列 $a_n = (-1)^{n+1}$ 的极限不存在.

📝　**自变量 $x \to \infty$ 时函数 $y = f(x)$ 的极限**

例 2　观察下列函数的变化趋势：

(1) $f(x) = \dfrac{1}{x}, x \to \infty$；

(2) $f(x) = \dfrac{1}{2^x}, x \to +\infty$；

(3) $f(x) = \arctan x, x \to \infty$.

解　(1) $x \to \infty$ 分为 $x \to +\infty$ 与 $x \to -\infty$ 两种情形．如图 1-17，当 x 取正值且无限增大，即 $x \to +\infty$ 时，函数 $y = \dfrac{1}{x}$ 的值无限趋近于常数 0；同样地，当 x 取负值且其绝对值无限增大，即 $x \to -\infty$ 时，函数 $y = \dfrac{1}{x}$ 的值也无限趋近于常数 0．因此，当 x 的绝对值无限增大时，函数 $y = \dfrac{1}{x}$ 无限趋近于常数 0．

(2) 如图 1-18，当 x 取正值且无限增大，即 $x \to +\infty$ 时，函数 $y = \dfrac{1}{2^x}$ 无限趋近于常数 0.

(3) 如图 1-19，当 x 取正值且无限增大，即 $x \to +\infty$ 时，函数 $y = \arctan x$ 无限趋近于常数 $\dfrac{\pi}{2}$；

当 x 取负值且其绝对值无限增大，即 $x \to -\infty$ 时，函数 $y = \arctan x$ 无限趋近于常数 $-\dfrac{\pi}{2}$.

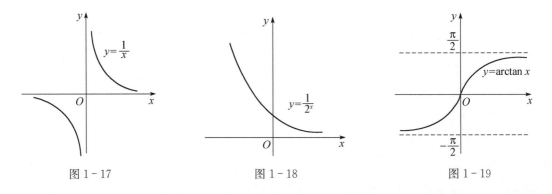

图 1-17　　　　　　　　图 1-18　　　　　　　　图 1-19

知识讲解：
自变量 $x \to$
∞ 时函数的
极限

定义 2　如果当 x 的绝对值无限增大时，函数 $f(x)$ 无限趋近于一个确定的常数 A，则称 A 为函数 $f(x)$ **在 $x \to \infty$ 时的极限**，记作

$$\lim_{x \to \infty} f(x) = A.$$

定义 3　如果当 $x > 0$ 且无限增大时,函数 $f(x)$ 无限趋近于一个确定的常数 A,则称 A 为函数 $f(x)$ 在 $x \to +\infty$ 时的极限,记作

$$\lim_{x \to +\infty} f(x) = A.$$

类似地,可定义当 $x \to -\infty$ 时函数 $f(x)$ 的极限,并记作

$$\lim_{x \to -\infty} f(x) = A.$$

定理 1　$\lim\limits_{x \to \infty} f(x) = A$ 的**充要条件**是 $\lim\limits_{x \to +\infty} f(x) = \lim\limits_{x \to -\infty} f(x) = A$.

根据函数极限的定义,例 2 中的三个函数有:

(1) $\lim\limits_{x \to \infty} \dfrac{1}{x} = 0$;　(2) $\lim\limits_{x \to +\infty} \dfrac{1}{2^x} = 0$;　(3) $\lim\limits_{x \to +\infty} \arctan x = \dfrac{\pi}{2}$, $\lim\limits_{x \to -\infty} \arctan x = -\dfrac{\pi}{2}$.

而当 $x \to \infty$ 时,$\arctan x$ 不能趋近于一个确定的常数,故 $\lim\limits_{x \to \infty} \arctan x$ 不存在.

例 3　求 $\lim\limits_{x \to \infty} \left(1 + \dfrac{1}{x^2} \right)$.

解　函数 $y = 1 + \dfrac{1}{x^2}$ 的图象如图 1-20 所示. 当 $x \to +\infty$ 时,函数值 y 无限趋近于 1;当 $x \to -\infty$ 时,函数值 y 也无限趋近于 1,所以有 $\lim\limits_{x \to \infty} \left(1 + \dfrac{1}{x^2} \right) = 1$.

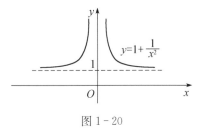

图 1-20

📝 极限的四则运算法则

仅有极限定义,往往难以计算较复杂的函数极限. 下面我们将给出极限的运算法则,并利用这些法则求一些函数的极限.

定理 2(函数极限的四则运算法则)　若 $\lim f(x) = A$, $\lim g(x) = B$,则有:

(1) $\lim[f(x) \pm g(x)] = \lim f(x) \pm \lim g(x) = A \pm B$;

(2) $\lim f(x) g(x) = \lim f(x) \lim g(x) = AB$;

(3) $\lim C f(x) = C \lim f(x) = CA$($C$ 为常数);

(4) $\lim \dfrac{f(x)}{g(x)} = \dfrac{\lim f(x)}{\lim g(x)} = \dfrac{A}{B}$ ($B \neq 0$).

知识讲解:
函数极限的
四则运算

注:运算法则(1)(2)可推广到有限个具有极限的函数;数列极限可以看作是一种特殊的函数极限,因此数列极限也有类似的四则运算法则.

例 4　求 $\lim\limits_{x \to \infty} \left(2 + \dfrac{3}{x^2} - \dfrac{5}{x^4} \right)$.

解　$\lim\limits_{x \to \infty} \left(2 + \dfrac{3}{x^2} - \dfrac{5}{x^4} \right) = \lim\limits_{x \to \infty} 2 + \lim\limits_{x \to \infty} \dfrac{3}{x^2} - \lim\limits_{x \to \infty} \dfrac{5}{x^4}$

$\qquad\qquad\qquad = \lim\limits_{x \to \infty} 2 + 3 \lim\limits_{x \to \infty} \dfrac{1}{x^2} - 5 \lim\limits_{x \to \infty} \dfrac{1}{x^4}$

$\qquad\qquad\qquad = 2 + 3 \times 0 - 5 \times 0$

$\qquad\qquad\qquad = 2.$

例 5 求 $\lim\limits_{x\to\infty}\left(1+\dfrac{1}{x}\right)\left(2-\dfrac{1}{x^2}\right)$.

解 $\lim\limits_{x\to\infty}\left(1+\dfrac{1}{x}\right)\left(2-\dfrac{1}{x^2}\right)=\lim\limits_{x\to\infty}\left(1+\dfrac{1}{x}\right)\lim\limits_{x\to\infty}\left(2-\dfrac{1}{x^2}\right)$

$$=\left(1+\lim\limits_{x\to\infty}\dfrac{1}{x}\right)\left(2-\lim\limits_{x\to\infty}\dfrac{1}{x^2}\right)$$

$$=1\times 2$$

$$=2.$$

例题拓展

例 6 求下列极限：

(1) $\lim\limits_{x\to\infty}\dfrac{2x^2-x+3}{3x^2+1}$; (2) $\lim\limits_{x\to\infty}\dfrac{4x^3+2x^2+1}{3x^4+1}$; (3) $\lim\limits_{x\to\infty}\dfrac{5x^3+2}{4x^2+6x}$.

解 (1) $\lim\limits_{x\to\infty}\dfrac{2x^2-x+3}{3x^2+1}=\lim\limits_{x\to\infty}\dfrac{2-\dfrac{1}{x}+\dfrac{3}{x^2}}{3+\dfrac{1}{x^2}}=\dfrac{\lim\limits_{x\to\infty}\left(2-\dfrac{1}{x}+\dfrac{3}{x^2}\right)}{\lim\limits_{x\to\infty}\left(3+\dfrac{1}{x^2}\right)}=\dfrac{2}{3}$;

(2) $\lim\limits_{x\to\infty}\dfrac{4x^3+2x^2+1}{3x^4+1}=\lim\limits_{x\to\infty}\dfrac{\dfrac{4}{x}+\dfrac{2}{x^2}+\dfrac{1}{x^4}}{3+\dfrac{1}{x^4}}=\dfrac{\lim\limits_{x\to\infty}\left(\dfrac{4}{x}+\dfrac{2}{x^2}+\dfrac{1}{x^4}\right)}{\lim\limits_{x\to\infty}\left(3+\dfrac{1}{x^4}\right)}=\dfrac{0}{3}=0$;

(3) 因为 $\lim\limits_{x\to\infty}\dfrac{4x^2+6x}{5x^3+2}=\lim\limits_{x\to\infty}\dfrac{\dfrac{4}{x}+\dfrac{6}{x^2}}{5+\dfrac{2}{x^3}}=\dfrac{\lim\limits_{x\to\infty}\left(\dfrac{4}{x}+\dfrac{6}{x^2}\right)}{\lim\limits_{x\to\infty}\left(5+\dfrac{2}{x^3}\right)}=\dfrac{0}{5}=0$,

所以 $\lim\limits_{x\to\infty}\dfrac{5x^3+2}{4x^2+6x}=\infty$.

> 一般地, $a_n\neq 0$, $b_m\neq 0$, m, n 为正整数, 有
>
> $$\lim\limits_{x\to\infty}\dfrac{a_nx^n+a_{n-1}x^{n-1}+\cdots+a_0}{b_mx^m+b_{m-1}x^{m-1}+\cdots+b_0}=\begin{cases}0, & n<m,\\[2mm]\dfrac{a_n}{b_m}, & n=m,\\[2mm]\infty, & n>m.\end{cases}$$

例 7 求 $\lim\limits_{n\to\infty}\left(\dfrac{1}{n^2}+\dfrac{2}{n^2}+\dfrac{3}{n^2}+\cdots+\dfrac{n}{n^2}\right)$.

解 $\lim\limits_{n\to\infty}\left(\dfrac{1}{n^2}+\dfrac{2}{n^2}+\dfrac{3}{n^2}+\cdots+\dfrac{n}{n^2}\right)=\lim\limits_{n\to\infty}\dfrac{1+2+3+\cdots+n}{n^2}$

$$=\lim\limits_{n\to\infty}\dfrac{n(n+1)}{2n^2}$$

$$=\lim\limits_{n\to\infty}\dfrac{n+1}{2n}$$

$$=\lim\limits_{n\to\infty}\left(\dfrac{1}{2}+\dfrac{1}{2n}\right)$$

$$=\dfrac{1}{2}.$$

通过本例我们发现,尽管 $\lim\limits_{n\to\infty}\dfrac{1}{n^2}=0$, $\lim\limits_{n\to\infty}\dfrac{2}{n^2}=0$, $\cdots$, $\lim\limits_{n\to\infty}\dfrac{n}{n^2}=0$, 但由于 $n\to\infty$, 无限个极限为 0

的函数之和的极限不一定是 0.

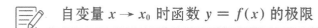
习题 1 - 3

1. 求下列极限：

(1) $\lim\limits_{x\to\infty}\left(\dfrac{3}{2x}-\dfrac{5}{x^2}+1\right)$;

(2) $\lim\limits_{x\to\infty}\left(4+\dfrac{1}{x^3}\right)\left(7-\dfrac{1}{x^2}\right)$;

(3) $\lim\limits_{x\to\infty}\dfrac{x^2+6}{3x^2-5x+9}$;

(4) $\lim\limits_{x\to\infty}\dfrac{5x^2-2}{x+2}$;

(5) $\lim\limits_{n\to\infty}\dfrac{2n+3}{n^2-n}$;

(6) $\lim\limits_{x\to\infty}\dfrac{(2x+1)^2(3x+1)^3}{(x-1)^5}$.

2. 求 $\lim\limits_{n\to\infty}\left(1+\dfrac{1}{2}+\dfrac{1}{4}+\cdots+\dfrac{1}{2^{n-1}}\right)$.

3. 求 $\lim\limits_{n\to\infty}\left[1+\dfrac{1}{1\times 2}+\dfrac{1}{2\times 3}+\cdots+\dfrac{1}{n\times(n+1)}\right]$.

4. 已知 $\lim\limits_{x\to\infty}\dfrac{(a+1)x^4+bx^3-x+1}{x^3+3x}=-2$，求 a,b 的值.

§1 - 4　自变量 $x\to x_0$ 时函数的极限

自变量 $x\to x_0$ 时函数 $y=f(x)$ 的极限

例 1　观察下列函数在 $x\to 1$ 时的变化趋势：

(1) $y=x+1$；　(2) $y=\dfrac{x^2-1}{x-1}$；　(3) $y=\begin{cases}x+1, & x\neq 1,\\ 1, & x=1.\end{cases}$

解　由图象可知：

(1) 如图 1-21，当 x 趋近于 1 时，即自变量 x 沿 x 轴从 $x=1$ 的左右两边无限趋近于 1 时，函数 $y=x+1$ 的值都无限趋近于 2；

(2) 如图 1-22，函数 $y=\dfrac{x^2-1}{x-1}$ 的定义域不包括 $x=1$，但当 x 趋近于 1 时，即 x 沿 x 轴从 $x=1$ 的左右两边无限趋近于 1 时(但不等于 1)，函数 $y=\dfrac{x^2-1}{x-1}=x+1(x\in\{x|x\neq 1\})$ 的值无限趋近于 2；

(3) 如图 1-23，当 x 沿 x 轴从 $x=1$ 的左、右两边无限趋近于 1 时，函数 $y=\begin{cases}x+1, & x\neq 1,\\ 1, & x=1\end{cases}$ 的值无限趋近于 2.

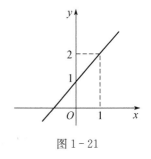
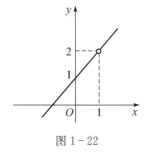
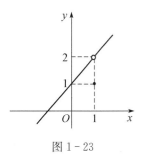

图 1 - 21　　　　　图 1 - 22　　　　　图 1 - 23

知识讲解：
自变量 $x \to x_0$ 时函数的极限

定义1 设函数 $f(x)$ 在点 x_0 的某一去心邻域内有定义，如果当 x 无限趋近于 x_0 时，函数 $f(x)$ 的值无限趋近于一个确定的常数 A，则称 A 为函数 $y = f(x)$ **在 $x \to x_0$ 时的极限**，记作 $\lim\limits_{x \to x_0} f(x) = A$ 或 $f(x) \to A \ (x \to x_0)$.

根据函数极限的定义，例1中的三个函数有：

(1) $\lim\limits_{x \to 1} f(x) = \lim\limits_{x \to 1}(x+1) = 2$；　(2) $\lim\limits_{x \to 1} f(x) = \lim\limits_{x \to 1} \dfrac{x^2 - 1}{x - 1} = 2$；　(3) $\lim\limits_{x \to 1} f(x) = 2$.

将 §1-3 的定理2（函数极限的四则运算法则）中的"$x \to \infty$"全改成 $x \to x_0$，结论同样成立.

例2 求 $\lim\limits_{x \to 1}(3x^2 + 5x - 2)$.

解 $\lim\limits_{x \to 1}(3x^2 + 5x - 2) = \lim\limits_{x \to 1} 3x^2 + \lim\limits_{x \to 1} 5x - \lim\limits_{x \to 1} 2 = 3\lim\limits_{x \to 1} x^2 + 5\lim\limits_{x \to 1} x - \lim\limits_{x \to 1} 2$
$$= 3 \times 1 + 5 \times 1 - 2 = 6.$$

例3 求 $\lim\limits_{x \to 0} \dfrac{2x^2 - 3x + 1}{x + 2}$.

解 $\lim\limits_{x \to 0} \dfrac{2x^2 - 3x + 1}{x + 2} = \dfrac{\lim\limits_{x \to 0}(2x^2 - 3x + 1)}{\lim\limits_{x \to 0}(x + 2)} = \dfrac{2\lim\limits_{x \to 0} x^2 - 3\lim\limits_{x \to 0} x + 1}{\lim\limits_{x \to 0} x + 2} = \dfrac{1}{2}$.

例题拓展

例4 求 $\lim\limits_{x \to 3} \dfrac{x - 3}{x^2 - 9}$.

解 因为 $\lim\limits_{x \to 3}(x - 3) = 0, \lim\limits_{x \to 3}(x^2 - 9) = 0$，所以不能直接运用函数极限四则运算法则中的除法法则. 但由于 $x \to 3, x \neq 3$，于是在求极限前可先约去一个极限为0的公因式.

$$\lim\limits_{x \to 3} \dfrac{x - 3}{x^2 - 9} = \lim\limits_{x \to 3} \dfrac{x - 3}{(x - 3)(x + 3)} = \lim\limits_{x \to 3} \dfrac{1}{x + 3} = \dfrac{1}{\lim\limits_{x \to 3}(x + 3)} = \dfrac{1}{6}.$$

例5 求 $\lim\limits_{x \to 0} \dfrac{3x^2 + 2x}{5x^3 + x^2 - x}$.

解 $\lim\limits_{x \to 0} \dfrac{3x^2 + 2x}{5x^3 + x^2 - x} = \lim\limits_{x \to 0} \dfrac{x(3x + 2)}{x(5x^2 + x - 1)} = \lim\limits_{x \to 0} \dfrac{3x + 2}{5x^2 + x - 1} = \dfrac{\lim\limits_{x \to 0}(3x + 2)}{\lim\limits_{x \to 0}(5x^2 + x - 1)}$
$$= \dfrac{2}{-1} = -2.$$

例6 求 $\lim\limits_{x \to 5} \dfrac{\sqrt{x - 1} - 2}{x - 5}$.

解 $\lim\limits_{x \to 5} \dfrac{\sqrt{x - 1} - 2}{x - 5} = \lim\limits_{x \to 5} \dfrac{x - 5}{(x - 5)(\sqrt{x - 1} + 2)} = \lim\limits_{x \to 5} \dfrac{1}{\sqrt{x - 1} + 2} = \dfrac{1}{\lim\limits_{x \to 5}(\sqrt{x - 1} + 2)} = \dfrac{1}{4}$.

例7 求 $\lim\limits_{x \to 2}\left(\dfrac{1}{x - 2} - \dfrac{4}{x^2 - 4}\right)$.

解 $\lim\limits_{x \to 2}\left(\dfrac{1}{x - 2} - \dfrac{4}{x^2 - 4}\right) = \lim\limits_{x \to 2} \dfrac{x + 2 - 4}{x^2 - 4} = \lim\limits_{x \to 2} \dfrac{x - 2}{x^2 - 4} = \lim\limits_{x \to 2} \dfrac{1}{x + 2} = \dfrac{1}{4}$.

📝 自变量 $x \to x_0$ 时函数 $y = f(x)$ 的左、右极限

定义2 设函数 $y = f(x)$ 在点 x_0 的某个左邻域 $(x_0 - \delta, x_0)$ 内有定义，如果当 x 从点 x_0 的左侧无限趋近于 x_0 时，函数 $f(x)$ 无限趋近于一个确定的常数 A，则称 A 为函数 $f(x)$ **在 x 趋近于 x_0 时的左极限**，记作 $\lim\limits_{x \to x_0^-} f(x) = A$.

类似地,可定义函数 $y=f(x)$ 的右极限,并记作 $\lim\limits_{x\to x_0^+}f(x)=A$.

定理 $\lim\limits_{x\to x_0}f(x)=A$ 的充要条件是 $\lim\limits_{x\to x_0^-}f(x)=\lim\limits_{x\to x_0^+}f(x)=A$.

例 8 已知函数 $y=f(x)=\begin{cases} x-1, & x<0, \\ 0, & x=0, \\ x+1, & x>0. \end{cases}$ 讨论当 $x\to 0$ 时

该函数的极限是否存在.

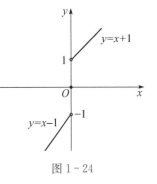

解 如图 $1-24$, $\lim\limits_{x\to 0^-}f(x)=\lim\limits_{x\to 0^-}(x-1)=-1$, $\lim\limits_{x\to 0^+}f(x)=\lim\limits_{x\to 0^+}(x+$

$1)=1$, 当 $x\to 0$ 时,函数 $f(x)$ 的左、右极限分别存在,但不相等,故由

定理可知,当 $x\to 0$ 时, $f(x)$ 的极限不存在.

例题拓展

图 $1-24$

无穷小量

❋ **无穷小量的概念**

定义 3 当 $x\to x_0$(或 $x\to\infty$)时,如果函数 $f(x)$ 的极限为 0,则称函数 $f(x)$ 为当 $x\to x_0$(或 $x\to\infty$)时的**无穷小量**,简称无穷小.

知识讲解:
无穷小量

注: 无穷小不是一个"很小的常数",而是一个以 0 为极限的函数. 但若函数 $f(x)\equiv 0$,则它的极限也必为 0,即常数 0 是唯一可以看作无穷小的常数.

对于函数 $y=2x$,因为 $\lim\limits_{x\to 0}2x=0$,所以 $y=2x$ 是在 $x\to 0$ 时的无穷小. 但 $\lim\limits_{x\to 1}2x=2$,故当 $x\to 1$ 时, $y=2x$ 就不是无穷小了. 可见,无穷小与自变量的变化过程有关.

❋ **无穷小的性质**

在自变量的同一变化过程中,无穷小有以下性质:

(1) 有限个无穷小的代数和仍是无穷小;
(2) 有限个无穷小的乘积仍是无穷小;
(3) 有界函数与无穷小的乘积仍是无穷小.

例 9 求 $\lim\limits_{x\to\infty}\dfrac{\arctan x}{x}$.

解 当 $x\to\infty$ 时, $\dfrac{1}{x}$ 是无穷小, $\arctan x$ 的极限不存在,但 $|\arctan x|<\dfrac{\pi}{2}$,即 $\arctan x$ 为有界

函数,由无穷小的性质(3)可知, $\lim\limits_{x\to\infty}\dfrac{\arctan x}{x}=0$.

习题 1-4

1. 求下列极限:

(1) $\lim\limits_{x\to 3}(x^2+2x-8)$;

(2) $\lim\limits_{x\to 2}(2x^3+5)(x-3)$;

(3) $\lim\limits_{x\to 1}\dfrac{x^2+4x+3}{x^2-1}$;

(4) $\lim\limits_{x\to 0}\dfrac{\sqrt{2-x}-\sqrt{2}}{x}$;

(5) $\lim\limits_{x \to 1}\left(\dfrac{1}{1-x} - \dfrac{2}{1-x^2}\right)$;   (6) $\lim\limits_{x \to \infty}\dfrac{\sin x}{x}$.

2. 设 $f(x) = \begin{cases} 2x+1, & x \leqslant 0, \\ 3x, & x > 0. \end{cases}$ 求 $\lim\limits_{x \to 0^+}f(x)$，$\lim\limits_{x \to 0}f(x)$.

3. 已知 $\lim\limits_{x \to 1}\dfrac{x^2+ax+b}{x-1} = 4$，求 a,b 的值.

§1-5 函数的连续性

📝 函数连续的概念

例1   分别判定图 1-25、图 1-26 中函数 $y = f(x)$ 在点 $x = x_0$ 处的连续性.

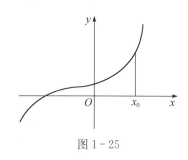
图 1-25

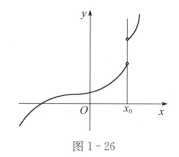
图 1-26

解   我们可以直观地看出图 1-25 中函数 $y = f(x)$ 在点 $x = x_0$ 处连续，而图 1-26 中函数 $y = f(x)$ 在点 $x = x_0$ 处不连续.

下面给出 $y = f(x)$ 在 $x = x_0$ 处连续的定义.

知识讲解：
函数连续的
概念

> **定义1**   设函数 $y = f(x)$ 在点 x_0 的某个邻域内有定义，如果当 $x \to x_0$ 时函数 $f(x)$ 的极限存在，且等于它在点 x_0 处的函数值 $f(x_0)$，即 $\lim\limits_{x \to x_0}f(x) = f(x_0)$，则称函数 $y = f(x)$ 在点 x_0 处**连续**.

例2   判定函数 $f(x) = 2x+3$ 在 $x = 2$ 处的连续性.

解   因为 $\lim\limits_{x \to 2}(2x+3) = 2 \times 2 + 3 = 7 = f(2)$，所以函数 $f(x) = 2x+3$ 在 $x = 2$ 处连续.

> **定义2**   如果函数 $y = f(x)$ 在区间 (a,b) 内的每一点处都连续，则称函数 $y = f(x)$ 在区间 (a,b) 上连续，区间 (a,b) 为函数的**连续区间**.
>
> **定义3**   如果函数 $y = f(x)$ 在区间 (a,b) 上连续，且 $\lim\limits_{x \to a^+}f(x) = f(a)$（此时称函数 $y = f(x)$ 在点 $x = a$ 处**右连续**）及 $\lim\limits_{x \to b^-}f(x) = f(b)$（此时称函数 $y = f(x)$ 在点 $x = b$ 处**左连续**），则称函数 $y = f(x)$ 在闭区间 $[a,b]$ 上连续.

一般地，基本初等函数在其定义域内都是连续的.

一切初等函数在其定义区间上都是连续的.所谓定义区间就是包含在定义域内的区间.

📝 函数的间断点

知识讲解：
函数的间断点

由函数连续的定义可知，若函数 $f(x)$ 有下列三种情形之一：

(1) $f(x)$ 在点 x_0 处没有定义；

（2）$f(x)$ 在点 x_0 处有定义，但 $\lim\limits_{x \to x_0} f(x)$ 不存在；

（3）$f(x)$ 在点 x_0 处有定义，且 $\lim\limits_{x \to x_0} f(x)$ 存在，但 $\lim\limits_{x \to x_0} f(x) \neq f(x_0)$.

则函数 $f(x)$ 在点 x_0 处不连续，称点 x_0 为 $f(x)$ 的间断点.

若 x_0 为 $f(x)$ 的间断点，但 $f(x)$ 在点 x_0 处的左极限与右极限都存在，则称 x_0 为第一类间断点. 不是第一类间断点的任何间断点，称为第二类间断点.

例 3 判定函数 $f(x) = \dfrac{1}{x}$ 在 $x = 0$ 处的连续性.

例题拓展

解 $f(x) = \dfrac{1}{x}$ 在 $x = 0$ 处没有定义，所以点 $x = 0$ 是函数 $\dfrac{1}{x}$ 的间断点. 又因 $\lim\limits_{x \to 0^-} \dfrac{1}{x} = -\infty$，$\lim\limits_{x \to 0^+} \dfrac{1}{x} = +\infty$，故点 $x = 0$ 是函数 $\dfrac{1}{x}$ 的第二类间断点.

例 4 判定函数 $f(x) = \begin{cases} x-1, & x < 0, \\ 0, & x = 0, \\ x+1, & x > 0 \end{cases}$ 在点 $x = 0$ 处的连续性.

解 因 $\lim\limits_{x \to 0^-} f(x) = \lim\limits_{x \to 0^-} (x-1) = -1$，$\lim\limits_{x \to 0^+} f(x) = \lim\limits_{x \to 0^+} (x+1) = 1$，故当 $x \to 0$ 时，$f(x)$ 的极限不存在，$f(x)$ 在 $x = 0$ 处不连续，$x = 0$ 是第一类间断点.

📝 闭区间上连续函数的性质

性质 1（最值定理） 若函数 $f(x)$ 在 $[a, b]$ 上连续，则其必有最大值与最小值.

知识讲解：
闭区间上连续
函数的性质

如图 $1-27$，函数 $f(x)$ 在闭区间 $[a, b]$ 上连续，函数 $f(x)$ 在 $x = \xi_1$ 处取到最大值 M，在 $x = \xi_2$ 处取到最小值 m.

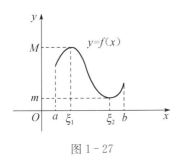
图 1-27

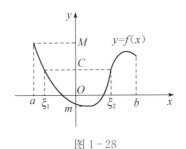
图 1-28

性质 2（介值定理） 若函数 $f(x)$ 在闭区间 $[a, b]$ 上连续，m 与 M 分别为 $f(x)$ 在 $[a, b]$ 上的最小值与最大值，则 (a, b) 内至少存在一点 ξ，使得 $f(\xi) = C$（C 是介于 m 和 M 之间的任一实数，即 $m < C < M$）.

介值定理说明如图 $1-28$ 所示.

推论（零点定理） 若函数 $f(x)$ 在闭区间 $[a, b]$ 上连续，且 $f(a) \cdot f(b) < 0$，则 (a, b) 内至少存在一点 ξ，使得 $f(\xi) = 0$.

例 5 证明方程 $x^6 + 1 = 10x$ 在 $(0, 1)$ 内至少有一个根.

证明 令 $f(x) = x^6 - 10x + 1$，则 $f(x)$ 在 $(-\infty, +\infty)$ 内连续，所以 $f(x)$ 在 $[0, 1]$ 上连续. 又因

为 $f(0)=1, f(1)=-8$,则 $f(0) \cdot f(1) < 0$. 由推论知,$(0,1)$ 内至少存在一点 ξ,使得 $f(\xi)=0$.

习题 1-5

1. 判定下列函数在给定点处的连续性:

(1) $f(x) = \begin{cases} x^2, & 0 \leqslant x < 1, \\ 2-x, & 1 \leqslant x \leqslant 2, \end{cases}$ 在 $x=1$ 处;

(2) $f(x) = \begin{cases} 2+x^2, & x \leqslant 0, \\ x+1, & x > 0, \end{cases}$ 在 $x=0$ 处;

(3) $f(x) = \begin{cases} x^2+2, & x \leqslant 1, \\ 3, & 1 < x \leqslant 3, \\ 3-x, & x > 3, \end{cases}$ 在 $x=1, x=3$ 处.

2. 指出下列函数的间断点:

(1) $f(x) = \dfrac{x^2-x}{x^2-3x+2}$;
(2) $f(x) = \dfrac{1}{\sin x}$.

3. 证明方程 $x^5 - 3x = 1$ 至少有一个介于 1 和 2 之间的根.

4. 已知函数 $f(x)$ 在 $[0,1]$ 上连续,且 $f(0)=1, f(1)=-1$.证明:存在 $\xi \in (0,1)$,使得 $f(\xi) = \xi - \xi^2$.

知识加油站

一、实验目的

1. 熟悉 Mathematica 的窗口环境.
2. 熟悉 Mathematica 的操作基本命令.
3. 掌握使用 Mathematica 求极限.

二、软件使用简要说明

1. 软件启动

软件安装成功后,进入开始菜单程序可找到 Mathematica 软件. 启动后点击新建笔记本或按 Enter 键新建命令窗口,即可命令输入.

2. 命令输入与执行

可直接将 Mathematica 命令输入窗口.

例如,输入命令:

$$In[1]: = 1 + 3$$
$$12 - 4$$
$$3 * 5$$
$$8/4$$

在 Mathematica 窗口中,标准键盘上的两个 Enter 键的作用是不同的:若按的是数字键盘右下角的 Enter 键,则计算机将执行已写出的 Mathematica 命令;若按的是主键盘上的 Enter 键,则计算机将执行文档中的换行动作. 对于笔记本电脑,若按 Enter 键,则它将执行换行动作;若按 Shift + Enter 键,则它将执行已写出的命令. 所以,上例中

$$Out[1] = 4$$
$$Out[2] = 8$$
$$Out[3] = 15$$
$$Out[4] = 2$$

表示命令执行结果.

注: In 和 Out 由软件自动显示. $In[i]$ 表示输入第 i 批命令, $Out[i]$ 表示输出第 i 个结果.

三、命令说明

求极限命令: Limit

基本格式:

(1) Limit$[f[x], x \to$ Infinity$]$,表示 $x \to \infty$ 时 $f(x)$ 的极限;

(2) Limit$[f[x], x \to$ Infinity, Direction $\to 1]$,表示 $x \to +\infty$ 时 $f(x)$ 的极限;

(3) Limit$[f[x], x \to$ Infinity, Direction $\to -1]$,表示 $x \to -\infty$ 时 $f(x)$ 的极限;

(4) Limit$[f[x], x \to a]$,表示 $x \to a$ 时 $f(x)$ 的极限;

(5) Limit$[f[x], x \to a,$ Direction $\to 1]$,表示 $x \to a^+$ 时 $f(x)$ 的极限;

(6) Limit$[f[x], x \to a,$ Direction $\to -1]$,表示 $x \to a^-$ 时 $f(x)$ 的极限.

注：(1) 其中 f(x) 是数列或者函数的解析式.

(2) Mathematica 中函数的首字母必须大写.

四、实验例题

例 1　求极限 $\lim\limits_{n\to\infty}\dfrac{4n^4+3}{6n^4-2}$.

解　输入命令：$\text{Limit}[(4*n\wedge 4+3)/(6*n\wedge 4-2),n->\text{Infinity},\text{Direction}->+1]$

输出结果：$\dfrac{2}{3}$

即 $\lim\limits_{n\to\infty}\dfrac{4n^4+3}{6n^4-2}=\dfrac{2}{3}$.

例 2　求极限 $\lim\limits_{x\to 0}\dfrac{\sin x}{x}$.

解　输入命令：$\text{Limit}[\text{Sin}[x]/x,x->0]$

输出结果：1

即 $\lim\limits_{x\to 0}\dfrac{\sin x}{x}=1$.

例 3　求极限 $\lim\limits_{x\to\infty}\left(1+\dfrac{1}{x}\right)^x$.

解　输入命令：$\text{Limit}[(1+1/x)\wedge x,x->\text{Infinity}]$

输出结果：e

即 $\lim\limits_{x\to\infty}\left(1+\dfrac{1}{x}\right)^x=\text{e}$.

五、实验习题

求下列极限：

(1) $\lim\limits_{x\to 0}\dfrac{\tan x-\sin x}{x^3}$;

(2) $\lim\limits_{x\to 0^+}x^x$;

(3) $\lim\limits_{x\to 0^+}\dfrac{\ln\cot x}{\ln x}$;

(4) $\lim\limits_{x\to 0}\dfrac{\sin x-x\cos x}{x^2\sin x}$;

(5) $\lim\limits_{x\to\infty}\dfrac{3x^3-2x^2+5}{5x^3+2x+1}$;

(6) $\lim\limits_{x\to 0}\dfrac{\text{e}^x-\text{e}^{-x}-2x}{x-\sin x}$.

知识清单

复习题一

1. 求下列函数的定义域：

(1) $f(x)=\dfrac{\sqrt{4-x^2}}{\ln(1+x)}$;

(2) $f(x)=\sin(x+\sqrt{1-x^2})$.

2. $f(x)$ 的定义域是 $[-1,0]$,求 $f(2\sin x-1)$ 的定义域.

3. $f(\lg(x+1))$ 的定义域是 $[0,1]$,求 $f(x)$ 的定义域.

4. 求 $f(x)=\dfrac{1}{3^x+1}+1$ 的反函数.

5. 求 $f(x)=\dfrac{\text{e}^x-\text{e}^{-x}}{2}$ 的反函数.

6. 求下列极限：

(1) $\lim\limits_{x\to\infty}\dfrac{(x+1)^2\,(5x+2)^3}{(2x+3)^5}$；

(2) $\lim\limits_{x\to+\infty}\dfrac{4^x+3^x}{2^{2x+1}+5}$；

(3) $\lim\limits_{x\to-1}\dfrac{x^2-1}{x^3+1}$；

(4) $\lim\limits_{x\to5}\dfrac{\sqrt{x-1}-2}{\sqrt{2x-1}-\sqrt{x+4}}$；

(5) $\lim\limits_{x\to1}\left(\dfrac{1}{1-x}-\dfrac{3}{1-x^3}\right)$；

(6) $\lim\limits_{n\to\infty}\left(\sqrt{n^2+1}-n\right)$；

(7) $\lim\limits_{n\to\infty}\left[-\dfrac{1}{3}+\dfrac{1}{9}+\cdots+(-1)^n\dfrac{1}{3^n}\right]$；

(8) $\lim\limits_{x\to-\infty}\dfrac{\sqrt{4x^2-x-1}-x+1}{\sqrt{x^2+1}}$.

7. 已知 $\lim\limits_{x\to\infty}\left(\dfrac{x^2+x+1}{x-1}-ax-b\right)=0$，求 a,b 的值.

8. 已知 $\lim\limits_{x\to1}\dfrac{\sqrt{ax+b}-2}{x-1}=1$，求 a,b 的值.

9. 设 $f(x)$ 在 $x=2$ 处连续，且 $\lim\limits_{x\to2}\dfrac{f(x)-3}{x-2}$ 存在，求 $f(2)$.

10. 设函数 $f(x)=\begin{cases}(x+2)\arctan\dfrac{1}{x^2-4}, & x\neq\pm2,\\[2mm] 0, & x=\pm2,\end{cases}$ 判定 $f(x)$ 在点 $x=\pm2$ 处的连续性.

11. 若函数 $f(x)=\begin{cases}\dfrac{1}{x}\left(\sqrt{1+x}-\sqrt{1-x}\right), & x\neq0,\\[2mm] m, & x=0\end{cases}$ 在 $x=0$ 处连续，求 m 的值.

12. 求函数 $f(x)=\dfrac{x^3+3x^2-x-3}{x^2+x-6}$ 的连续区间和间断点，并指出间断点的类型.

13. 证明：方程 $x^3-4x^2+1=0$ 在区间 $\left(\dfrac{1}{2},1\right)$ 内至少有一个根.

14. 设 $f(x)$ 在 $[a,b]$ 上连续且 $a<f(x)<b$.证明：在 (a,b) 内至少有一点 ξ，使得 $f(\xi)=\xi$.

15. 已知函数 $f(x)$ 在 $[0,1]$ 上连续，且 $f(0)=0,f(1)=1$.证明：存在 $\xi\in(0,1)$，使得 $f(\xi)=1-\xi$.

第二章 导数及其应用

📖 章 节 导 读

党的二十大报告对全面建成社会主义现代化强国进行了全面部署,特别指出,要建设现代化产业体系,坚持把发展经济的着力点放在实体经济上,推进新型工业化,加快建设制造强国、质量强国、航天强国、交通强国、网络强国、数字中国.我国航天事业创造了以"两弹一星"、载人航天、月球探测为代表的辉煌成就,走出了一条自力更生、自主创新的发展道路,积淀了深厚博大的航天精神.想必大家一定记得神舟载人飞船返回舱着陆时那激动人心的场面吧!飞船返回舱返回预测之所以能够如此精确,离不开飞船自带的惯性导航系统,而惯性导航系统的核心理论就是牛顿第二定律和微积分.导数是如何在惯性导航系统中发挥作用的?希望通过本章的学习,可以解决你心中的疑问!

§2−1 导数的概念

📝 **两个实例**

知识讲解:
导数概念的
引入

例1 飞船返回舱划破苍穹,回归祖国怀抱.若将之视作一个质点,这个质点做自由落体运动,其移动路程 $s = s(t) = \frac{1}{2}gt^2$,求该质点在时间 $t = 2$ 时的瞬时速度 v.

解 自由落体运动是典型的变速直线运动,故我们不能使用匀速直线运动的速度公式来求某一时刻的瞬时速度.考虑当时间从 2 变到 $2+\Delta t$ 时,质点移动路程从 $\frac{1}{2}g \cdot 2^2$ 变到了 $\frac{1}{2}g \cdot (2+\Delta t)^2$,其路程增量 $\Delta s = \frac{1}{2}g \cdot (2+\Delta t)^2 - \frac{1}{2}g \cdot 2^2$,在时间段 $[2, 2+\Delta t]$ 内的平均速度

$$\bar{v} = \frac{\Delta s}{\Delta t} = \frac{\frac{1}{2}g \cdot (2+\Delta t)^2 - \frac{1}{2}g \cdot 2^2}{(2+\Delta t)-2} = 2g + \frac{1}{2}g \cdot \Delta t,$$

当 $\Delta t \to 0$ 时, $\bar{v}$ 越来越接近于 $t = 2$ 时的瞬时速度 v,所以

$$v = \lim_{\Delta t \to 0} \frac{\Delta s}{\Delta t} = \lim_{\Delta t \to 0}\left(2g + \frac{1}{2}g \cdot \Delta t\right) = 2g.$$

例2 (平面曲线的切线斜率)求抛物线 $y = x^2$ 在 $x = 1$ 处的切线的斜率.

解 假设抛物线在 $x = 1$ 处的定点为 M,同时假设抛物线上点 M 附近的一动点 N 为 $[(1+\Delta x), (1+\Delta x)^2]$,则割线 MN 的斜率

$$k_{MN} = \frac{\Delta y}{\Delta x} = \frac{(1+\Delta x)^2 - 1}{(1+\Delta x)-1} = 2 + \Delta x,$$

当动点 N 沿曲线移动并趋向于定点 M 时,割线 MN 的极限位置就是切线,如图 2−1,即割线 MN 的斜率极限就是所求切线的斜率,

$$k_{切} = \lim_{\Delta x \to 0} k_{MN} = \lim_{\Delta x \to 0}(2 + \Delta x) = 2.$$

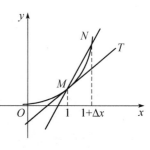

图 2−1

前面讨论的两个实例虽然是两个不同的问题,但都是函数增量 Δy 与自变量增量 Δx 之比的极限问题,即都可以归结为

$$\lim_{\Delta x \to 0} \frac{\Delta y}{\Delta x} = \lim_{\Delta x \to 0} \frac{f(x_0 + \Delta x) - f(x_0)}{\Delta x}.$$

📝 导数的定义

定义 1 设函数 $y = f(x)$ 在点 x_0 的某一邻域内有定义,当自变量 x 在 x_0 处有增量 Δx 时,相应地,函数有增量 $\Delta y = f(x_0 + \Delta x) - f(x_0)$.若当 $\Delta x \to 0$ 时,Δy 与 Δx 之比的极限存在,则称这个极限值为 $y = f(x)$ 在 x_0 处的**导数**,记作 $f'(x_0)$,即

$$f'(x_0) = \lim_{\Delta x \to 0} \frac{\Delta y}{\Delta x} = \lim_{\Delta x \to 0} \frac{f(x_0 + \Delta x) - f(x_0)}{\Delta x},$$

也可记为 $\dfrac{\mathrm{d}y}{\mathrm{d}x}\big|_{x=x_0}$,$y'\big|_{x=x_0}$.

知识讲解:
导数的定义

这时也称函数 $y = f(x)$ 在点 x_0 处可导,或 $f'(x_0)$ 存在.如果 $\lim\limits_{\Delta x \to 0} \dfrac{\Delta y}{\Delta x}$ 不存在,则称函数 $y = f(x)$ 在点 x_0 处不可导.

由导数定义,上述两个实例可给出如下记号:$v\big|_{t=2} = \dfrac{\mathrm{d}s}{\mathrm{d}t}\big|_{t=2}$,$k_{切} = \dfrac{\mathrm{d}y}{\mathrm{d}x}\big|_{x=1}$.

如果函数 $y = f(x)$ 在区间 (a,b) 内每一点处都可导,则对于区间 (a,b) 内的每一个确定的 x 值,都有唯一确定的导数值 $f'(x)$ 与之相对应,我们称这个新的函数 $f'(x)$ 为函数 $y = f(x)$ 的导函数,记作 $f'(x)$,y' 或 $\dfrac{\mathrm{d}y}{\mathrm{d}x}$.函数 $y = f(x)$ 在 x_0 处的导数 $f'(x_0)$ 就是导函数 $f'(x)$ 在 x_0 处的函数值,因此我们求函数在某点处的导数时,可先求出导函数,然后求出导函数在该点的函数值.今后,在不发生混淆的情况下导函数可以简称为导数.

知识讲解:
利用导数的

同步练习

📝 基本初等函数的导数

根据导数定义,求函数 $y = f(x)$ 的导数的一般步骤如下:

(1) 求函数的增量:$\Delta y = f(x + \Delta x) - f(x)$.

(2) 求比值:$\dfrac{\Delta y}{\Delta x} = \dfrac{f(x + \Delta x) - f(x)}{\Delta x}$.

(3) 取极限:$y' = f'(x) = \lim\limits_{\Delta x \to 0} \dfrac{\Delta y}{\Delta x} = \lim\limits_{\Delta x \to 0} \dfrac{f(x + \Delta x) - f(x)}{\Delta x}$.

知识讲解:
导函数及其
计算

例 3 求函数 $y = C$(C 为常数)的导数.

解 (1) 求函数的增量:$\Delta y = C - C = 0$.

(2) 求比值:$\dfrac{\Delta y}{\Delta x} = 0$.

(3) 取极限:$y' = \lim\limits_{\Delta x \to 0} \dfrac{\Delta y}{\Delta x} = 0$.

即 $(C)' = 0$.

例4　求函数 $y = x^3$ 的导数.

解　(1) 求函数的增量：$\Delta y = (x + \Delta x)^3 - x^3 = 3x^2 \Delta x + 3x(\Delta x)^2 + (\Delta x)^3$.

(2) 求比值：$\dfrac{\Delta y}{\Delta x} = 3x^2 + 3x \Delta x + (\Delta x)^2$.

(3) 取极限：$y' = \lim\limits_{\Delta x \to 0} \dfrac{\Delta y}{\Delta x} = \lim\limits_{\Delta x \to 0} [3x^2 + 3x \Delta x + (\Delta x)^2] = 3x^2$.

即　$(x^3)' = 3x^2$.

一般地，$(x^a)' = a x^{a-1}$（a 为常数）.

为了今后计算方便，在此我们给出后续课程中需要使用的基本初等函数的导数：

1. $(C)' = 0$.	2. $(x^a)' = a x^{a-1}$.
3. $(a^x)' = a^x \ln a,\ (e^x)' = e^x$.	4. $(\log_a x)' = \dfrac{1}{x \ln a},\ (\ln x)' = \dfrac{1}{x}$.
5. $(\sin x)' = \cos x$.	6. $(\cos x)' = -\sin x$.
7. $(\tan x)' = \sec^2 x$.	8. $(\cot x)' = -\csc^2 x$.
9. $(\sec x)' = \sec x \tan x$.	10. $(\csc x)' = -\csc x \cot x$.
11. $(\arcsin x)' = \dfrac{1}{\sqrt{1-x^2}}$.	12. $(\arccos x)' = -\dfrac{1}{\sqrt{1-x^2}}$.
13. $(\arctan x)' = \dfrac{1}{1+x^2}$.	14. $(\operatorname{arccot} x)' = -\dfrac{1}{1+x^2}$.

曲线的切线方程、法线方程

知识讲解：导数的几何意义

通过例2我们知道，若函数 $y = f(x)$ 在点 x_0 处可导，则导数 $f'(x_0)$ 表示该曲线 $y = f(x)$ 在点 (x_0, y_0) 处切线的斜率. 因此，我们可以根据直线点斜式方程分别写出过该点的切线方程、法线方程.

$$切线方程：y - y_0 = f'(x_0)(x - x_0),$$

$$法线方程：y - y_0 = -\dfrac{1}{f'(x_0)}(x - x_0) \quad (f'(x_0) \neq 0).$$

同步练习

例5　求曲线 $y = e^x$ 在点 $x = 1$ 处的切线方程和法线方程.

解　$y' = e^x$，

切线斜率　　　　　　　　　　$k_{切} = e^x \big|_{x=1} = e$,

曲线经过点 $(1, e)$，

切线方程为　　　　　　　　　$y - e = e(x - 1)$,

法线方程为　　　　　　　　　$y - e = -\dfrac{1}{e}(x - 1)$.

微分

> **定义2** 设函数 $y = f(x)$ 在点 x_0 处可导,当自变量 x 在 x_0 点处有增量 Δx 时,$f'(x_0)\Delta x$ 称为函数 $y = f(x)$ 在点 x_0 处的**微分**,记为 $\mathrm{d}y\,|_{x=x_0}$,即
>
> $$\mathrm{d}y\,|_{x=x_0} = f'(x_0)\Delta x.$$
>
> 因为 $y = x$ 在 x_0 点处的微分 $\mathrm{d}y = (x)'|_{x=x_0}\Delta x = \Delta x = \mathrm{d}x$,所以微分经常写成如下形式:
>
> $$\mathrm{d}y\,|_{x=x_0} = f'(x_0)\mathrm{d}x.$$
>
> 类似于导函数,函数 $y = f(x)$ 有微分,记为 $\mathrm{d}y$,即
>
> $$\mathrm{d}y = f'(x)\mathrm{d}x.$$

拓展知识:
牛顿

由导数的基本公式可以得到微分的基本公式,例如,$\mathrm{d}(\sin x) = \cos x\mathrm{d}x$.

习题 2 - 1

1. 一质点做自由落体运动,其移动路程关于时间的函数 $s(t) = \dfrac{1}{2}gt^2$,当 $t = 10$ 时,求质点的瞬时速度 v.

2. 求下列函数的导数:

    (1) $y = \dfrac{1}{\sqrt{x}}$;
    (2) $y = x^{10}$;

    (3) $y = \dfrac{\sqrt[3]{x}}{\sqrt{x}}$;
    (4) $y = x^2\sqrt{x}$.

3. 求下列函数在指定点处的导数:

    (1) $y = \mathrm{e}^x, x = 2$;
    (2) $y = \sin x, x = \dfrac{\pi}{3}$;

    (3) $y = \ln x, x = 3$;
    (4) $y = \cos x, x = \pi$.

4. 求曲线 $y = \sqrt{x}$ 在点 $(1,1)$ 处的切线方程和法线方程.

5. 过曲线 $y = \ln x$ 上点 M_0 的切线平行于直线 $y = \dfrac{1}{2}x$,求切点 M_0 的坐标.

6. 当自变量取哪些值时,抛物线 $y = x^2$ 与曲线 $y = x^3$ 的切线平行?

§2 - 2　导数的四则运算法则

上节介绍了导数的定义,我们知道导数是函数增量与自变量增量之比的极限. 对于复杂函数的求导问题,如果直接利用导数的定义进行求解,显然非常困难. 本节将介绍导数的四则运算法则,借助这些法则可以解决一些较复杂的函数求导问题.

> **法则**　若函数 $u = u(x), v = v(x)$ 在点 x 处可导,则函数 $u \pm v, uv, \dfrac{u}{v}(v \neq 0)$ 在点 x 处也可导,而且
>
> (1) $(u \pm v)' = u' \pm v'$;
>
> (2) $(uv)' = u'v + uv'$;

知识讲解：导数的四则运算

(3) $(ku)' = ku'$（k 为常数）；

(4) $\left(\dfrac{u}{v}\right)' = \dfrac{u'v - uv'}{v^2}$.

法则中的(1)(2)可推广到任意有限个可导函数的情形，如 u, v, w 均在点 x 处可导，则有

$$(u + v + w)' = u' + v' + w',$$

$$(uvw)' = (uv)'w + uvw' = u'vw + uv'w + uvw'.$$

例题拓展

例1 求下列函数的导数：

(1) $y = \dfrac{1}{x} - x^4 + e^x + 5$；　　　　　　　(2) $y = 4\sqrt{x} + 3\cos x - 7\ln x$；

(3) $y = 4\sin x + 2\tan x + 5\sec x$；　　　　　(4) $y = 2\arcsin x + \arctan x + \ln e$.

解 (1) $y' = (x^{-1})' - (x^4)' + (e^x)' + (5)' = -x^{-2} - 4x^3 + e^x$；

(2) $y' = (4\sqrt{x})' + (3\cos x)' - (7\ln x)' = 4(x^{\frac{1}{2}})' + 3(\cos x)' - 7(\ln x)'$

$\qquad = 4 \cdot \dfrac{1}{2}x^{-\frac{1}{2}} - 3\sin x - \dfrac{7}{x} = \dfrac{2}{\sqrt{x}} - 3\sin x - \dfrac{7}{x}$；

(3) $y' = 4(\sin x)' + 2(\tan x)' + 5(\sec x)' = 4\cos x + 2\sec^2 x + 5\sec x\tan x$；

(4) $y' = 2(\arcsin x)' + (\arctan x)' + (\ln e)' = \dfrac{2}{\sqrt{1-x^2}} + \dfrac{1}{1+x^2}$.

拓展知识：导数四则运算释疑解难

例2 求下列函数的导数：

(1) $y = x\sin x$；　　　　　　　　　　　(2) $y = x^2\ln x$；

(3) $f(x) = x^3\ln x\cos x$.

解 (1) $y' = (x\sin x)' = (x)'\sin x + x(\sin x)' = \sin x + x\cos x$；

(2) $y' = (x^2\ln x)' = (x^2)'\ln x + x^2(\ln x)' = 2x\ln x + x$；

(3) $f'(x) = (x^3\ln x\cos x)' = (x^3)'\ln x\cos x + x^3(\ln x)'\cos x + x^3\ln x(\cos x)'$

$\qquad = 3x^2\ln x\cos x + x^2\cos x - x^3\ln x\sin x$.

例3 求下列函数的导数：

(1) $y = \tan x$；　　　　　　　　　　　(2) $y = \dfrac{\sin x}{x}$；

(3) $y = \dfrac{x-1}{x^2+1}$.

解 (1) $y' = (\tan x)' = \left(\dfrac{\sin x}{\cos x}\right)' = \dfrac{(\sin x)'\cos x - \sin x(\cos x)'}{\cos^2 x} = \dfrac{1}{\cos^2 x} = \sec^2 x$；

(2) $y' = \left(\dfrac{\sin x}{x}\right)' = \dfrac{(\sin x)'x - \sin x(x)'}{x^2} = \dfrac{x\cos x - \sin x}{x^2}$；

(3) $y' = \left(\dfrac{x-1}{x^2+1}\right)' = \dfrac{(x-1)'(x^2+1) - (x-1)(x^2+1)'}{(x^2+1)^2} = \dfrac{(x^2+1) - 2x(x-1)}{(x^2+1)^2}$

$\qquad = \dfrac{-x^2 + 2x + 1}{(x^2+1)^2}$.

1. 求下列函数的导数：

(1) $y = 6x^3 - 2x + 1$；

(2) $y = \dfrac{3}{x} - 2\sqrt{x} + \dfrac{1}{\sqrt{x}} - \dfrac{2}{\sqrt[5]{x}}$；

(3) $y = \sin x + \cos x$；

(4) $y = \tan x + \sec x - 2^x - e^2$；

(5) $y = x\ln x$；

(6) $y = x^4 \sin x$；

(7) $y = e^x \arctan x \cos x$；

(8) $y = \dfrac{\ln x}{x}$；

(9) $y = \arcsin x + x\arctan x$；

(10) $y = \dfrac{e^x}{1 + x}$.

2. 求下列函数在给定点处的导数：

(1) $y = x - e^x$, $y'|_{x=0}$；

(2) $y = (x+1)(2x+3)$, $y'|_{x=2}$；

(3) $f(x) = x(x+1)(x+2)$, $f'(0)$；

(4) $y = \dfrac{x}{\sin x}$, $\dfrac{dy}{dx}\Big|_{x=\frac{\pi}{6}}$.

3. 求曲线 $y = e^x(x+2)$ 在 $(0, 2)$ 处的切线方程和法线方程.

§2-3 复合函数的求导

📝 复合函数

中学里，我们接触过函数 $y = \sin 2x$，实际上这个函数是由 $y = \sin u, u = 2x$ 两个函数复合起来的新函数.

> **定义** 设函数 $y = f(u)$ 的定义域为 U，函数 $u = \varphi(x)$ 的定义域为 X，对于任意的 $x \in X$，且 $\varphi(x) \in U$，y 通过中间变量 u 构成 x 的函数，称之为由 $y = f(u)$ 与 $u = \varphi(x)$ 复合而成的**复合函数**，记为 $y = f[\varphi(x)]$，其中 u 称为**中间变量**.

一般地，由函数 $y = f(u), u = \varphi(x)$ 写成的 $y = f[\varphi(x)]$ 称为复合函数，由 $y = f[\varphi(x)]$ 写成的函数 $y = f(u), u = \varphi(x)$ 称为分解函数. 在分解复合函数时，通常遵循"由外向内，逐层分解"的原则，分解出来的函数都应是基本初等函数（或基本初等函数的和、差、积、商的形式）.

知识讲解：复合函数的分解

例1 分解下列复合函数：

(1) $y = \sin(x^3 + 4)$；

(2) $y = 5^{\sin x^2}$.

解 (1) $y = \sin(x^3 + 4)$ 可分解为 $y = \sin u, u = x^3 + 4$；

(2) $y = 5^{\sin x^2}$ 可分解为 $y = 5^u, u = \sin v, v = x^2$.

📝 复合函数的求导法则

> **法则** 设函数 $u = \varphi(x)$ 在点 x 处可导，函数 $y = f(u)$ 在对应点 u 处可导，则复合函数 $y = f[\varphi(x)]$ 在点 x 处可导，且其导数
>
> $$\frac{dy}{dx} = \frac{dy}{du} \cdot \frac{du}{dx} \quad \text{或} \quad y'_x = y'_u \cdot u'_x,$$
>
> 其中 u 为中间变量.

知识讲解：复合函数的求导法则

复合函数的求导法则亦称链式法则.这个法则可以推广到多个中间变量的情形.

如 $y=f(u),u=g(v),v=\varphi(x)$,那么复合函数 $y=f\{g[\varphi(x)]\}$ 的导数为 $\dfrac{\mathrm{d}y}{\mathrm{d}x}=\dfrac{\mathrm{d}y}{\mathrm{d}u}\cdot\dfrac{\mathrm{d}u}{\mathrm{d}v}\cdot\dfrac{\mathrm{d}v}{\mathrm{d}x}$ 或 $y'_x=y'_u\cdot u'_v\cdot v'_x$

例2 已知 $y=\sin 2x$,求 $\dfrac{\mathrm{d}y}{\mathrm{d}x}$.

解 $y=\sin 2x$ 可分解为 $y=\sin u,u=2x$,

$\dfrac{\mathrm{d}y}{\mathrm{d}x}=\dfrac{\mathrm{d}y}{\mathrm{d}u}\cdot\dfrac{\mathrm{d}u}{\mathrm{d}x}=\cos u\cdot 2=2\cos 2x.$

例3 已知 $y=\ln\sin x$,求 $\dfrac{\mathrm{d}y}{\mathrm{d}x}$.

解 $y=\ln\sin x$ 可分解为 $y=\ln u,u=\sin x$,

$\dfrac{\mathrm{d}y}{\mathrm{d}x}=\dfrac{\mathrm{d}y}{\mathrm{d}u}\cdot\dfrac{\mathrm{d}u}{\mathrm{d}x}=\dfrac{1}{u}\cos x=\dfrac{1}{\sin x}\cos x=\cot x.$

例4 已知 $y=(x^2-x)^3$,求 y'.

解 $y=(x^2-x)^3$ 可分解为 $y=u^3,u=x^2-x$,

$y'=y'_u u'_x=3u^2(2x-1)=3(x^2-x)^2(2x-1).$

对复合函数的分解比较熟悉后,可以不必写出中间变量,按照"由外向内,逐层求导"的原则求出导数.

例题拓展

例5 已知 $y=\ln\ln x$,求 y'.

解 $y'=(\ln\ln x)'=\dfrac{1}{\ln x}(\ln x)'=\dfrac{1}{x\ln x}.$

例6 已知 $y=\mathrm{e}^{-\cos x}$,求 y'.

解 $y'=(\mathrm{e}^{-\cos x})'=\mathrm{e}^{-\cos x}(-\cos x)'=\mathrm{e}^{-\cos x}\sin x.$

例7 已知 $y=\arcsin(2x+1)$,求 y'.

解 $y'=[\arcsin(2x+1)]'=\dfrac{1}{\sqrt{1-(2x+1)^2}}(2x+1)'=\dfrac{2}{\sqrt{1-(2x+1)^2}}.$

例8 已知 $y=\ln\sqrt{x^2-1}$,求 y'.

解法一 $y'=(\ln\sqrt{x^2-1})'=\dfrac{1}{\sqrt{x^2-1}}\left[(x^2-1)^{\frac{1}{2}}\right]'=\dfrac{1}{\sqrt{x^2-1}}\dfrac{1}{2\sqrt{x^2-1}}(x^2-1)'$

$\qquad\qquad =\dfrac{x}{x^2-1}.$

解法二 $y=\ln\sqrt{x^2-1}=\dfrac{1}{2}\ln(x^2-1),$

$\qquad\qquad y'=\left[\dfrac{1}{2}\ln(x^2-1)\right]'=\dfrac{1}{2}\cdot\dfrac{1}{x^2-1}\cdot(x^2-1)'=\dfrac{1}{2}\cdot\dfrac{2x}{x^2-1}=\dfrac{x}{x^2-1}.$

在求某些函数的导数时,需要同时运用导数的四则运算法则及复合函数的求导法则.

例9 已知 $y=\cos^2 x-\sin^2 x$,求 y'.

解 $y'=(\cos^2 x-\sin^2 x)'=(\cos^2 x)'-(\sin^2 x)'=2\cos x\cdot(-\sin x)-2\sin x\cdot\cos x$

$\qquad =-4\sin x\cos x.$

例10 已知 $y=2\ln(5x)+\tan^2 x$,求 y'.

解 $y'=[2\ln(5x)]'+(\tan^2 x)'=2\cdot\dfrac{1}{5x}\cdot 5+2\tan x\sec^2 x=\dfrac{2}{x}+2\tan x\sec^2 x.$

例 11 已知 $y = e^{2x} \sin 3x$,求 $y' \mid_{x=0}$.

解 因为 $y' = (e^{2x} \sin 3x)' = (e^{2x})' \sin 3x + e^{2x} (\sin 3x)'$
$$= 2e^{2x} \sin 3x + e^{2x} \cos 3x \cdot 3 = e^{2x} (2\sin 3x + 3\cos 3x),$$

所以 $y' \mid_{x=0} = 3$.

习题 2-3

1. 分析下列复合函数的结构,并指出其复合过程:

    (1) $y = \sin x^2$;
                                  (2) $y = \sin^2 x$.

2. 求下列函数的导数:

    (1) $y = \ln\cos x$;
                                  (2) $y = e^{\sin x}$;

    (3) $y = \ln^2 x$;
                                  (4) $y = \sqrt{1 + x^2}$;

    (5) $y = \arctan(2x - 1)$;
                       (6) $y = \ln\ln\ln x$;

    (7) $y = 2^{\ln\tan x}$;
                            (8) $y = \sin 7x + e^{5x}$;

    (9) $y = e^{3x} \cos 2x$;
                       (10) $y = \dfrac{x\sin x}{x^2 - 1}$.

3. 求下列函数在给定点处的导数:

    (1) $y = (x^2 + 1)^5$, $y' \mid_{x=1}$;
               (2) $y = e^{\sin 2x}$, $y' \mid_{x=0}$.

4. 求下列函数的导数:

    (1) $y = \sqrt{x + \sqrt{x}}$;
                        (2) $y = x\sqrt{\dfrac{1 - x}{1 + x}}$;

    (3) $y = \sec^2 \dfrac{x}{2} + \csc^2 \dfrac{x}{2}$;
         (4) $y = \dfrac{x}{2} \sqrt{a^2 - x^2} + \dfrac{a^2}{2} \arcsin \dfrac{x}{a}$ $(a > 0)$.

§2-4 高阶导数和隐函数的求导

📝 高阶导数

我们知道,变速直线运动的速度 v 是位移 s 对时间 t 的导数,即 $v = \dfrac{ds}{dt}$,而加速度 a 又是速度 v 对时间 t 的导数,即 $a = \dfrac{dv}{dt} = \dfrac{d}{dt}\left(\dfrac{ds}{dt}\right)$.

> **定义** 若函数 $y = f(x)$ 的导函数 $y' = f'(x)$ 仍是可导函数,则称 $f'(x)$ 的导数为函数 $y = f(x)$ 的**二阶导数**,记作 y'', $f''(x)$ 或 $\dfrac{d^2 y}{dx^2}$. 相应地,称 $y' = f'(x)$ 为函数 $y = f(x)$ 的**一阶导数**.
>
> 类似地,二阶导数的导数称为**三阶导数**,三阶导数的导数称为**四阶导数**,$\cdots$,$(n-1)$ 阶导数的导数称为 **n 阶导数**,分别记作
> $$y''', y^{(4)}, \cdots, y^{(n)}, \text{或} \dfrac{d^3 y}{dx^3}, \dfrac{d^4 y}{dx^4}, \cdots, \dfrac{d^n y}{dx^n}.$$

二阶及二阶以上的导数统称为高阶导数.

$y = f(x)$ 在点 x_0 处的 n 阶导数,记为

$$y^{(n)}|_{x=x_0}, f^{(n)}(x_0), \frac{\mathrm{d}^n y}{\mathrm{d}x^n}|_{x=x_0}.$$

例 1　求函数 $y = x^3$ 的四阶导数 $\dfrac{\mathrm{d}^4 y}{\mathrm{d}x^4}$.

解　$\dfrac{\mathrm{d}y}{\mathrm{d}x} = 3x^2, \dfrac{\mathrm{d}^2 y}{\mathrm{d}x^2} = 6x, \dfrac{\mathrm{d}^3 y}{\mathrm{d}x^3} = 6, \dfrac{\mathrm{d}^4 y}{\mathrm{d}x^4} = 0.$

一般地,一个 n 次多项式的 n 阶导数为常数, $n+1$ 阶导数为 0.

例 2　求函数 $y = \mathrm{e}^x \cos x$ 的二阶导数 y''.

解　$y' = (\mathrm{e}^x \cos x)' = (\mathrm{e}^x)' \cos x + \mathrm{e}^x (\cos x)' = \mathrm{e}^x (\cos x - \sin x),$

$y'' = [\mathrm{e}^x (\cos x - \sin x)]' = (\mathrm{e}^x)'(\cos x - \sin x) + \mathrm{e}^x (\cos x - \sin x)'$

$\qquad = \mathrm{e}^x (\cos x - \sin x) + \mathrm{e}^x (-\sin x - \cos x) = -2\mathrm{e}^x \sin x.$

例 3　求函数 $y = \mathrm{e}^{2x}$ 的 n 阶导数 $y^{(n)}$.

解　$y' = 2\mathrm{e}^{2x}, y'' = 2^2 \mathrm{e}^{2x}, y''' = 2^3 \mathrm{e}^{2x}, y^{(4)} = 2^4 \mathrm{e}^{2x}, \cdots, y^{(n)} = 2^n \mathrm{e}^{2x}.$

在求 n 阶导数时,应注意探究在导数阶数增高过程中导数的变化规律,以便归纳得出结论.

隐函数及其求导法则

如 $y = \sin x, y = 1 + 3x$ 等形式的函数称为显函数.但有时会遇到 y 与 x 的函数关系隐含在方程 $F(x, y) = 0$ 中,如 $x^2 + y^3 = 1, y = \sin(x + y)$ 等,这种形式的函数称为隐函数.

把一个隐函数化为显函数的过程,称为隐函数的显化,但对于有的隐函数,显化是很困难的.那么,对于不能显化的函数,如何求它的导数呢?可把方程 $F(x, y) = 0$ 中的 y 看成是 x 的函数,并根据复合函数的求导法则,在方程两边对 x 求导,这样就可求出隐函数的导数.

例 4　已知 $x^2 + y^3 = 1$,求 $\dfrac{\mathrm{d}y}{\mathrm{d}x}$.

解　方程两边对 x 求导,得 $2x + 3y^2 \cdot \dfrac{\mathrm{d}y}{\mathrm{d}x} = 0,$

整理,得
$$\frac{\mathrm{d}y}{\mathrm{d}x} = -\frac{2x}{3y^2}.$$

一般地,由方程 $F(x, y) = 0$ 确定的隐函数的导数中,仍常含有变量 y.

例 5　已知 $y = \sin(x + y)$,求 y'.

解　方程两边对 x 求导,得 $y' = \cos(x + y)(x + y)' = \cos(x + y)(1 + y'),$

整理,得
$$y' = \frac{\cos(x + y)}{1 - \cos(x + y)}.$$

例 6　已知 $y^5 + 2y - x - 3x^7 = 0$,求 $y'|_{x=0}$.

解　方程两边对 x 求导,得 $5y^4 y' + 2y' - 1 - 21x^6 = 0,$

整理,得
$$y' = \frac{1 + 21x^6}{5y^4 + 2},$$

当 $x = 0$ 时, $y = 0, y'|_{x=0} = y'|_{(0,0)} = \dfrac{1}{2}.$

利用隐函数的求导方法,还可简化一些显函数的求导运算.

在求由某些因子多次的乘、除、乘方、开方构成的函数以及幂指函数的导数时,可采用先在等式两边取自然对数使之变成隐函数的形式,再利用隐函数的求导方法求出导数,我们称该方法为**对数求导法**.

例 7 已知 $y = x^{\sin x}\,(x > 0)$，求 y'.

解 等式两边取对数，得 $\ln y = \sin x \ln x$，

上式两边对 x 求导，得 $\dfrac{1}{y}y' = \cos x \ln x + \dfrac{\sin x}{x}$，

整理，得 $y' = y\left(\cos x \ln x + \dfrac{\sin x}{x}\right) = x^{\sin x}\left(\cos x \ln x + \dfrac{\sin x}{x}\right)$.

例 8 已知 $y = \sqrt{\dfrac{(x-1)(x-2)}{(3-x)(4-x)}}$，求 y'.

解 等式两边取对数，得 $\ln y = \dfrac{1}{2}\big[\ln(x-1) + \ln(x-2) - \ln(3-x) - \ln(4-x)\big]$，

上式两边对 x 求导，得 $\dfrac{1}{y}y' = \dfrac{1}{2}\left(\dfrac{1}{x-1} + \dfrac{1}{x-2} - \dfrac{-1}{3-x} - \dfrac{-1}{4-x}\right)$，

整理，得 $y' = \dfrac{1}{2}y\left(\dfrac{1}{x-1} + \dfrac{1}{x-2} + \dfrac{1}{3-x} + \dfrac{1}{4-x}\right)$

$$= \dfrac{1}{2}\sqrt{\dfrac{(x-1)(x-2)}{(3-x)(4-x)}}\left(\dfrac{1}{x-1} + \dfrac{1}{x-2} + \dfrac{1}{3-x} + \dfrac{1}{4-x}\right).$$

习题 2 - 4

1. 求下列函数的二阶导数：

   (1) $y = 6x^3 + x + 3$；　　　　　(2) $y = x\ln x$.

2. 求函数 $y = \dfrac{1}{1+x}$ 的 n 阶导数.

3. 已知 $y^{(n-2)} = x\ln x$，求 $y^{(n)}$.

4. 求下列方程所确定的隐函数 y 对 x 的导数：

   (1) $y^2 - 3xy + x^3 = 1$；　　　　　(2) $xy = e^{x+y}$.

5. 已知 $y = xe^y$，求 $\dfrac{dy}{dx}\Big|_{x=0}$.

6. 利用对数求导法求下列函数的导数：

   (1) $y = x^x\,(x > 0)$；　　　　　(2) $y = \sqrt{\dfrac{e^x}{x^2+1}}$.

§2 - 5　函数的单调性与极值

函数的单调性

利用函数的导数我们可以研究函数 $y = f(x)$ 的若干特性. 我们知道函数导数的几何意义是切线的斜率，观察图 2 - 2，若函数在某区间上单调递增，曲线上各点处的切线的斜率均非负，即 $y' = f'(x) \geqslant 0$；若函数在某区间上单调递减，曲线上各点处的切线的斜率均非正，即 $y' = f'(x) \leqslant 0$. 可见，函数的单调性与导数的符号有着密切的联系，那么反之成立吗？

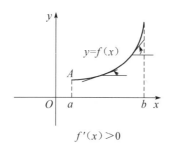
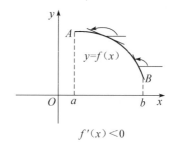

$f'(x)>0$ $f'(x)<0$

图 2-2

> **定理 1** 设函数 $f(x)$ 在区间 (a,b) 内可导.
> (1) 若在 (a,b) 内恒有 $f'(x)>0$，则 $f(x)$ 在 (a,b) 内单调递增；
> (2) 若在 (a,b) 内恒有 $f'(x)<0$，则 $f(x)$ 在 (a,b) 内单调递减.

例 1 讨论函数 $y=x^2$ 的单调性.

解 函数的定义域为 $(-\infty,+\infty)$，其导数 $y'=2x$，在区间 $(-\infty,0)$ 内恒有 $y'<0$，所以函数 $y=x^2$ 在区间 $(-\infty,0)$ 内单调递减；在区间 $(0,+\infty)$ 内恒有 $y'>0$，所以函数 $y=x^2$ 在区间 $(0,+\infty)$ 内单调递增.

例 2 判定函数 $y=\mathrm{e}^{-x}-3x-1$ 的单调性.

解 函数的定义域为 $(-\infty,+\infty)$，其导数 $y'=-\mathrm{e}^{-x}-3=-(\mathrm{e}^{-x}+3)$，所以在整个定义域内恒有 $y'<0$，故函数 $y=\mathrm{e}^{-x}-3x-1$ 在定义域内单调递减.

例 3 判定函数 $y=\ln(x-1)$ 的单调性.

解 函数的定义域为 $(1,+\infty)$，$y'=\dfrac{1}{x-1}$ 在定义域 $(1,+\infty)$ 内恒有 $y'>0$，故函数 $y=\ln(x-1)$ 在定义域内单调递增.

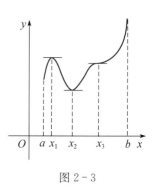

观察图 2-3，函数 $f(x)$ 在区间 (a,x_1)，(x_2,b) 内单调递增，而在区间 (x_1,x_2) 内单调递减，可导函数 $f(x)$ 在单调递增、减的分界点处的导数为 0，即 $f'(x_1)=f'(x_2)=0$.

一般地，称使导数等于 0 的点为函数 $f(x)$ 的**驻点**.

要确定可导函数 $f(x)$ 的单调区间，首先得求出驻点，然后用这些驻点将其定义域分成若干个区间，最后判定函数在每个区间内的单调性.

图 2-3

例 4 讨论函数 $y=\dfrac{1}{3}x^3+\dfrac{1}{2}x^2-2x$ 的单调性.

解 函数的定义域为 $(-\infty,+\infty)$，$f'(x)=x^2+x-2=(x+2)(x-1)$，令 $f'(x)=0$，得驻点 $x_1=-2$，$x_2=1$. 驻点将 $f(x)$ 的定义域分成三个部分：$(-\infty,-2)$，$(-2,1)$，$(1,+\infty)$.

下面用列表的形式来进行讨论：

x	$(-\infty,-2)$	-2	$(-2,1)$	1	$(1,+\infty)$
$f'(x)$	$+$	0	$-$	0	$+$
$f(x)$	↗	$\dfrac{10}{3}$	↘	$-\dfrac{7}{6}$	↗

（表中"↗"表示单调递增，"↘"表示单调递减，下同）

由上面的讨论可得：函数 $f(x)$ 在区间 $(-\infty,-2)$ 和 $(1,+\infty)$ 内单调递增，在区间 $(-2,1)$ 内

单调递减.

✎ 函数的极值

> **定义** 设函数 $f(x)$ 在点 x_0 的某一邻域内有定义,且对此邻域内任一点 $x(x \neq x_0)$ 均有 $f(x) < f(x_0)$,则称 $f(x_0)$ 是函数 $f(x)$ 的一个**极大值**;若对此邻域内任一点 $x(x \neq x_0)$ 均有 $f(x) > f(x_0)$,则称 $f(x_0)$ 是函数 $f(x)$ 的一个**极小值**.函数的极大值与极小值统称为函数的极值,使函数取得极值的点 x_0 称为**极值点**.

(1) 函数的极值是一个局部概念,在讨论函数的极值时,应注意如果 $f(x_0)$ 是 $f(x)$ 的极值,则这只是对极值点 x_0 的某一个邻域而的;

(2) 函数在一个区间上可能会有多个极大值和几个极小值,且其中的极大值未必比极小值大,如图 2-4,极大值 $f(x_1)$ 就比极小值 $f(x_5)$ 还要小;

(3) 函数的极值只能在区间内部取到,不会出现在端点.

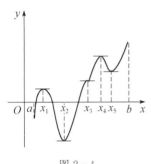

图 2-4

> **定理 2(极值存在的必要条件)** 设函数 $f(x)$ 在点 x_0 处可导,且在 x_0 处取得极值,则函数 $f(x)$ 在 x_0 处的导数 $f'(x_0) = 0$,即 x_0 是函数 $f(x)$ 的驻点.

定理 2 说明可导函数的极值点必是驻点,而驻点却未必是极值点.如 $y = x^3$,在 $x = 0$ 处有 $y'|_{x=0} = 0$,但 $y|_{x=0} = 0$ 并不是极值.

怎样判定函数在驻点处是否取得极值?如果取得极值的话,究竟取得的是极大值还是极小值?下面给出两个判定极值的充分条件.

> **定理 3(极值存在的第一充分条件)** 设函数 $f(x)$ 在 x_0 处连续,且在点 x_0 的一个去心邻域内可导.
> (1) 若当 $x < x_0$ 时 $f'(x) < 0$,当 $x > x_0$ 时 $f'(x) > 0$,则 $f(x)$ 在点 x_0 处取得极小值;
> (2) 若当 $x < x_0$ 时 $f'(x) > 0$,当 $x > x_0$ 时 $f'(x) < 0$,则 $f(x)$ 在点 x_0 处取得极大值;
> (3) 若点 x_0 左右两边的 $f'(x)$ 的正负号相同,则 $f(x)$ 在点 x_0 处取不到极值.

> **定理 4(极值存在的第二充分条件)** 设 $f'(x_0) = 0$,且在 x_0 的一个邻域内函数 $f(x)$ 的二阶导数 $f''(x)$ 存在且连续.
> (1) 若 $f''(x_0) < 0$,则 $f(x)$ 在 x_0 处取得极大值;
> (2) 若 $f''(x_0) > 0$,则 $f(x)$ 在 x_0 处取得极小值.

综合上述定理,可给出求可导函数极值的一般步骤:

> (1) 确定 $y = f(x)$ 的定义域;
> (2) 求 $f'(x)$;
> (3) 令 $f'(x) = 0$,得驻点;
> (4) 利用定理判定极值.

例 5 列表求函数 $y = x^3 + 6x^2 - 15x + 1$ 的极值.

解 函数定义域为 $(-\infty, +\infty)$,

$$y' = 3x^2 + 12x - 15 = 3(x-1)(x+5).$$

令 $y' = 0$,得驻点 $x_1 = -5, x_2 = 1$.

列表:

x	$(-\infty, -5)$	-5	$(-5, 1)$	1	$(1, +\infty)$
y'	$+$	0	$-$	0	$+$
y	↗	极大值 101	↘	极小值 -7	↗

故函数在 $x = -5$ 处有极大值 $y\mid_{x=-5} = 101$,在 $x = 1$ 处有极小值 $y\mid_{x=1} = -7$.

例6 列表求函数 $y = (x^2 - 1)^3 + 1$ 的极值.

解 函数定义域为 $(-\infty, +\infty)$,

$$y' = 6x(x^2 - 1)^2.$$

令 $y' = 0$,得驻点 $x_1 = -1, x_2 = 0, x_3 = 1$.

列表:

x	$(-\infty, -1)$	-1	$(-1, 0)$	0	$(0, 1)$	1	$(1, +\infty)$
y'	$-$	0	$-$	0	$+$	0	$+$
y	↘		↘	极小值 0	↗		↗

故函数在 $x = 0$ 处有极小值 $y\mid_{x=0} = 0$,而 $x_1 = -1, x_3 = 1$ 不是极值点.

函数的最值问题

我们知道,在闭区间 $[a, b]$ 上连续的函数 $f(x)$ 一定存在最大值和最小值. 假设 $f(x)$ 在 (a, b) 内可导,由于函数的最值可在区间内部取到,也可在区间的端点上取到,如果在区间内部取到,那么这个最值一定是函数的极值,因此求 $f(x)$ 在区间 $[a, b]$ 上的最值,我们可以求出 $f(x)$ 在 (a, b) 内的驻点,比较驻点和端点的函数值,其中最大者就是函数的最大值,最小者就是函数的最小值.

知识讲解:
函数的最值

例7 求函数 $y = x^4 - 4x^3 + 4x^2 + 6$ 在区间 $[-3, 3]$ 上的最大值和最小值.

解 $y' = 4x^3 - 12x^2 + 8x = 4x(x^2 - 3x + 2) = 4x(x - 1)(x - 2)$,

令 $y' = 0$,得驻点 $x_1 = 0, x_2 = 1, x_3 = 2$,

$y\mid_{x=0} = 6, y\mid_{x=1} = 7, y\mid_{x=2} = 6$,而 $y\mid_{x=3} = 15, y\mid_{x=-3} = 231$.

经比较,得函数的最大值为 $y\mid_{x=-3} = 231$,最小值为 $y\mid_{x=2} = 6$.

在实际问题中,若由问题的性质可知,函数 $f(x)$ 在开区域内确有最值,而可导函数 $f(x)$ 在这个定义区间内只有唯一的驻点 x_0,则可断定 $f(x)$ 在点 x_0 处取到相应的最值.

例8 加工圆柱形罐时,如果其体积 V 确定,应怎样选择罐的半径 r 和高度 h,才能使所用材料最省?

解 由题意可知,罐的体积 $V = \pi r^2 h$ 为一常数,

面积 $S = 2\pi r^2 + 2\pi r h = 2\pi r(r + h) = 2\pi r\left(r + \dfrac{V}{\pi r^2}\right), 0 < r < +\infty$,

$$S' = 4\pi r - \frac{2V}{r^2}, \quad \diamondsuit\ S' = 0, 得驻点\ r = \sqrt[3]{\frac{V}{2\pi}}, 则\ r^3 = \frac{V}{2\pi}, 即\ 2\pi r^3 = V = \pi r^2 h, 则\ r = \frac{h}{2},$$

$$S'' = 4\pi + \frac{4V}{r^3}, 当\ r = \sqrt[3]{\frac{V}{2\pi}}\ 时, S'' = 12\pi > 0, r = \sqrt[3]{\frac{V}{2\pi}}\ 为唯一极小值点,$$

$$因此, 当\ r = \frac{h}{2} = \sqrt[3]{\frac{V}{2\pi}}\ 时, 取得最小值\ S = 6\pi \left(\frac{V}{2\pi}\right)^{\frac{2}{3}}.$$

 习题 2 - 5

1. 讨论下列函数的单调区间：

    (1) $y = x^3 - 3x^2 - 9x - 1$；   (2) $y = xe^x$.

2. 求下列函数的极值：

    (1) $f(x) = x^3 - 6x^2 + 9x - 5$；   (2) $f(x) = 4x^3 - 3x^4$.

3. 求函数 $f(x) = 2x^3 - 9x^2 + 12x$ 在 $[0, 3]$ 上的最值.

4. 如图 2 - 5, 用三块长度一样、宽为 a 的木板, 制成一横截面为等腰梯形的水槽. 问: 如何安装, 水槽的横截面面积最大?

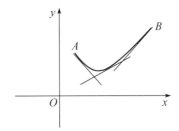

图 2 - 5

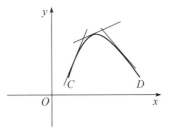

图 2 - 6

5. 如图 2 - 6, 某矿务局拟从 A 处掘一巷道至 C 处, 设 AB 长为 600 m, BC 长为 200 m, AB 水平方向的掘进费用为 5 元 /m; 水平面以下是岩石, 掘进费用为 13 元 /m. 问: 怎样掘进费用最省?

§2 - 6　曲线的凹凸性与拐点

利用导数的正负号可以判别函数曲线的单调性, 但我们发现即使 $f'(x) > 0$, 也会出现曲线向上凸与向下凹的情形, 为了正确作出函数的图形, 还需研究曲线的凹凸性.

📝　**曲线的凹凸性**

> **定义 1**　如果在某区间内连续且光滑的曲线弧总是位于其任一点切线的上方, 则称此曲线弧在该区间内是**凹**的; 如果曲线弧总是位于其任一点切线的下方, 则称此曲线弧在该区间内是**凸**的, 相应的区间分别称为**凹区间**与**凸区间**. 如图 2 - 7.

图 2 - 7

观察图 2-7,可以看到如下事实:对于凹的曲线弧,其切线的斜率 $f'(x)$ 随着 x 的增大而增大,即 $f'(x)$ 单调递增;对于凸的曲线弧,其切线的斜率 $f'(x)$ 随着 x 的增大而减小,即 $f'(x)$ 单调递减.而函数 $f'(x)$ 的单调性又可用它的导数 $f''(x)$ 的符号来判定,故曲线 $y = f(x)$ 的凹凸性与 $f''(x)$ 的符号有关.

> **定理 1** 设函数 $f(x)$ 在区间 (a,b) 内具有二阶导数.
> (1) 若在区间 (a,b) 内恒有 $f''(x) > 0$,则曲线 $f(x)$ 在 (a,b) 内是凹的;
> (2) 若在区间 (a,b) 内恒有 $f''(x) < 0$,则曲线 $f(x)$ 在 (a,b) 内是凸的.

例 1 讨论曲线 $y = x^3$ 的凹凸区间.

解 函数的定义域为 $(-\infty, +\infty)$,$y' = 3x^2$,$y'' = 6x$.

当 $x > 0$ 时,$y'' > 0$;当 $x < 0$ 时,$y'' < 0$.因此,$(-\infty, 0)$ 为曲线的凸区间,$(0, +\infty)$ 为曲线的凹区间.

📝 曲线的拐点

在例 1 中,点 $(0,0)$ 为凸的曲线弧与凹的曲线弧的连接点,对这种点有如下定义.

> **定义 2** 在连续曲线上,凹凸曲线弧的分界点 $(x_0, f(x_0))$ 称为曲线的**拐点**.

假设 $f''(x)$ 存在且连续,若 $(x_0, f(x_0))$ 是凹凸曲线弧的分界点,则在 x_0 的左右邻域内,$f''(x)$ 的正负号必然相反,因此 $f''(x_0) = 0$ 必成立.由此给出求拐点的一般步骤:

> (1) 确定 $y = f(x)$ 的定义域;
> (2) 求 $f''(x)$;
> (3) 令 $f''(x) = 0$,解出方程 $f''(x) = 0$ 在定义域内的实根 x_0;
> (4) 对于每一个实根 x_0,观察 x_0 左右两边的 $f''(x)$ 的正负号,若 x_0 左右两边的 $f''(x)$ 的正负号相反,则点 $(x_0, f(x_0))$ 是拐点;若 x_0 左右两边的 $f''(x)$ 的正负号相同,则点 $(x_0, f(x_0))$ 不是拐点.

例 2 求曲线 $y = \dfrac{1}{5}x^5 - \dfrac{1}{3}x^4$ 的凹凸区间与拐点.

例题拓展

解 函数的定义域为 $(-\infty, +\infty)$,

$$y' = x^4 - \frac{4}{3}x^3, \quad y'' = 4x^3 - 4x^2 = 4x^2(x-1),$$

令 $y'' = 0$,得 $x = 0$,$x = 1$.

由于 $x = 0$ 左右两边的 y'' 的正负号相同,$(0,0)$ 不是拐点.当 $x < 1$ 时,$y'' < 0$;当 $x > 1$ 时,$y'' > 0$.所以曲线在 $(-\infty, 1)$ 内是凸的,在 $(1, +\infty)$ 内是凹的;点 $\left(1, -\dfrac{2}{15}\right)$ 为拐点.

例 3 列表求函数 $y = x^3 - 3x^2 - 2$ 的单调区间、极值点、凹凸区间与拐点.

解 函数的定义域为 $(-\infty, +\infty)$,

$$y' = 3x^2 - 6x = 3x(x-2),$$

令 $y' = 0$,得驻点 $x_1 = 0$,$x_2 = 2$,

$$y'' = 6x - 6,$$

令 $y'' = 0$，得 $x_3 = 1$，

列表：

x	$(-\infty,0)$	0	$(0,1)$	1	$(1,2)$	2	$(2,+\infty)$
$f'(x)$	$+$	0	$-$		$-$	0	$+$
$f''(x)$	$-$		$-$	0	$+$		$+$
$f(x)$	⤴	极大值 -2	⤵	拐点 $(1,-4)$	⤵	极小值 -6	⤴

说明："⤴"表示曲线单调递增且为凸的，"⤵"表示曲线单调递减且为凸的，"⤵"表示曲线单调递减且为凹的，"⤴"表示曲线单调递增且为凹的.

✎ **曲率**

在生产实践中我们有时需研究曲线的弯曲程度.例如,时下非常热门的自动驾驶技术是汽车行业发展的重要方向,是交通强国的创新探索.长安汽车在 2020 年 3 月实现了 L3 级自动驾驶量产,汽车在行驶过程中会主动避让突然变道的车辆,识别限速信息,实现弯道自动减速.说到自动驾驶车辆转弯,就需要对道路的弯曲程度进行计算.曲线的弯曲程度在数学上是用曲率来描述的.

> **定理 2** 设函数 $y = f(x)$ 具有二阶导数,则曲线 $y = f(x)$ 在任意点 $M(x,y)$ 处的曲率计算公式为
> $$K = \frac{|y''|}{[1+(y')^2]^{\frac{3}{2}}}.$$

例 4 求直线 $y = ax + b$ 的曲率.

解 因为 $y' = a, y'' = 0$,所以直线 $y = ax + b$ 上任一点处的曲率
$$K = \frac{|y''|}{[1+(y')^2]^{\frac{3}{2}}} = 0.$$

上述结论说明,直线上所有点处的曲率均为 0,即直线不弯曲.

例 5 求圆 $x^2 + y^2 = R^2$ 上任一点处的曲率.

解 因为 $y' = -\dfrac{x}{y}, y'' = \dfrac{xy'-y}{y^2} = -\dfrac{x^2+y^2}{y^3} = -\dfrac{R^2}{y^3}$,

所以 $K = \dfrac{|y''|}{[1+(y')^2]^{\frac{3}{2}}} = \dfrac{1}{R}$.

上述结论说明,圆上任一点处的曲率 K 都等于半径 R 的倒数,即圆周的弯曲程度是均匀的,且半径越小,曲率越大,即弧弯曲得越厉害,这与直观所见是相符的.

因为圆的半径等于圆的曲率的倒数,所以对于一般的曲线,把它在各点处的曲率的倒数称为在该点处的**曲率半径**,记作 ρ,因此 $\rho = \dfrac{1}{K}$.

例 6 在机械加工中,一工件型腔为二次曲线 $y = 0.01x^2$(单位: mm),如图 2-8,需对型腔进行磨光,选用多大半径的砂轮最为合适?

解 求二次曲线的最小曲率半径.

图 2-8

因为 $y' = 0.02x, y'' = 0.02$,

所以 $K = \dfrac{0.02}{(1 + 0.0004x^2)^{\frac{3}{2}}}$,

$\rho = \dfrac{1}{K} = 50 \cdot (1 + 0.0004x^2)^{\frac{3}{2}}$,

当 $x = 0$ 时,曲率半径 ρ 取得最小值 50 mm.

因此,选用的砂轮的半径不得低于 50 mm.

习题 2-6

1. 求下列曲线的凹凸区间及拐点:

   (1) $y = e^{-x^2}$;   (2) $y = x^3 - 6x^2 + 9x - 5$.

2. 求下列函数的单调区间、极值点、凹凸区间与拐点:

   (1) $y = 4x^3 - 6x^2 + 3x + 1$;   (2) $y = xe^{-x}$.

3. 求下列曲线在指定点处的曲率:

   (1) $y = e^x$,在点 $(0,1)$ 处;

   (2) $y = x^2 - 2x + 2$,在点 $(1,1)$ 处.

§2-7 导数在经济学中的应用

边际分析

经济学中将一个函数 $f(x)$ 的导数 $f'(x)$ 称为该函数 $f(x)$ 的边际函数,相应地,$f'(x_0)$ 就被称为函数 $f(x)$ 在 x_0 处的边际值,表示自变量在 x_0 处产生一个单位增量时相应的函数值增量.经济学中经常会碰到成本、收益、利润等概念.成本是生产特定产量的产品所需要的费用总额,通常用字母 C 表示.理论上收益是销售产品所获得的销售收入,通常用字母 R 表示.利润是企业销售产品获得的收益扣除成本以后的余额,通常用字母 L 表示.边际成本、边际收益、边际利润等则是经济学中最常见的边际函数.

例1 已知生产某产品 q 件的成本函数 $C(q) = 4000 + 0.004q^2$(元),求:

(1) 生产 2000 件产品时的成本和平均成本;

(2) 生产 2000 件产品时的边际成本.

解 (1) 由成本函数可得,生产 2000 件产品时的成本

$$C(2000) = 4000 + 0.004 \times 2000^2 = 20000(\text{元}),$$

生产 2000 件产品时的平均成本 $\overline{C} = \dfrac{C(2000)}{2000} = \dfrac{20000}{2000} = 10(\text{元})$;

(2) 边际成本函数 $C'(q) = (4000 + 0.004q^2)' = 0.008q$,

生产 2000 件产品时的边际成本 $C'(2000) = 0.008 \times 2000 = 16(\text{元})$,

$C'(2000) = 16(\text{元})$ 的经济意义:当产量为 2000 件时,每多生产一件产品所需的成本为 16 元.

例2 已知销售某产品 q(单位:千升)的收益函数 $R(q) = 8\sqrt{q^3} - \sqrt{q^5}$(单位:千元)与成本函数 $C(q) = 3\sqrt{q^3} + 4$(单位:千元),且 $0 \leqslant q \leqslant 5$,求利润最大时的销售量.

解 $L(q) = R(q) - C(q) = (8\sqrt{q^3} - \sqrt{q^5}) - (3\sqrt{q^3} + 4) = 5\sqrt{q^3} - \sqrt{q^5} - 4$,

令 $L'(q) = 0$,得驻点 $q = 3, q = 0$.

因为 $0 \leqslant q \leqslant 5$,由前面的讨论可知最值存在,且出现在驻点或端点,即只需比较销售量 $q = 3$, $q = 0$,$q = 5$ 时的利润,经计算可得 $L(0) = -4$,$L(3) = 6\sqrt{3} - 4$,$L(5) = -4$,所以当 $q = 3$ 时利润最大,即利润最大时的销售量为 3000 升.

📝 弹性分析

在经济活动的分析中,有时还需研究一个经济变量对另一个经济变量变化的反应程度,我们称其为弹性.

定义 若函数 $f(x)$ 可导,且 $f(x) \neq 0$,则称 $\dfrac{x}{f(x)} f'(x)$ 为函数 $f(x)$ 的弹性函数,记作 $\dfrac{Ey}{Ex}$,

即

$$\frac{Ey}{Ex} = \frac{x}{f(x)} f'(x).$$

需求弹性、供给弹性、收益弹性等是经济学中最常见的弹性函数.

需求弹性 设需求函数 $Q = Q(p)$,其中 p 为产品价格,Q 为产品需求量,需求弹性

$$\eta = \frac{EQ}{Ep} = \frac{p}{Q(p)} Q'(p),$$

由于价格上升,需求量将下降,所以需求函数是减函数,即 $\eta < 0$. 需求弹性可以解释为当价格为 p 时,如果价格提高 1%,则需求量将减少 $|\eta|\%$.

供给弹性 设供给函数 $S = S(p)$,其中 p 为产品价格,S 为产品需求量,供给弹性

$$\varepsilon = \frac{ES}{Ep} = \frac{p}{S(p)} S'(p),$$

由于价格上升,供给量将上升,所以供给函数是增函数,即 $\varepsilon > 0$. 供给弹性可以解释为当价格为 p 时,如果价格提高 1%,则供给量将增加 $\varepsilon\%$.

收益弹性 设收益函数 $R = pQ(p)$,其中 p 为产品价格,Q 为产品需求量,收益弹性

$$\frac{ER}{Ep} = \frac{p}{R(p)} R'(p) = \frac{p}{pQ(p)} [Q(p) + pQ'(p)] = 1 + \eta,$$

上式中 η 即为需求量对于价格的弹性 $\dfrac{EQ}{Ep}$,η 的取值将决定收益的取值:

当 $\eta < -1$ 时,若价格提高 1%,则需求量下降幅度大于 1%,此时 $1 + \eta < 0$,收益减少;

当 $\eta > -1$ 时,若价格提高 1%,则需求量下降幅度小于 1%,此时 $1 + \eta > 0$,收益增加;

当 $\eta = -1$ 时,$1 + \eta = 0$,此时降价或提价对收益没有明显影响.

例 3 已知某商品的需求函数 $Q(p) = -100p + 3000$,其中 p 为产品价格,Q 为产品需求量,求 $p = 20$ 时的需求弹性和收益弹性,并说明其经济意义.

解 需求弹性 $\eta = \dfrac{EQ}{Ep} = \dfrac{p}{Q(p)} Q'(p) = \dfrac{p}{-100p + 3000} \times (-100)$,

$$\eta \big|_{p=20} = \frac{20}{1000} \times (-100) = -2,$$

经济意义为当价格 $p = 20$ 时,如果价格提高 1%,则需求量将减少 2%;

收益弹性 $\dfrac{ER}{Ep} \big|_{p=20} = (1 + \eta) \big|_{p=20} = -1$,因为 $\eta < -1$,所以经济意义为当价格 $p = 20$ 时,如果

价格提高 1%,则收益将减少 1%.

例 4 已知某产品的需求函数 $Q(p)=100-5p$,其中 p 为产品价格,Q 为产品需求量. 问:p 为多少时收益最大?

解 收益函数 $R=pQ(p)=p(100-5p)=100p-5p^2$,

$$R'(p)=100-10p,$$

令 $R'(p)=0$,得驻点 $p=10$,$R''(10)=-10<0$,即函数在 $p=10$ 处取得极大值,由极值点唯一可知,$p=10$ 时收益最大.

习题 2-7

1. 已知某产品的成本 C(万元) 与产量 q(吨) 的关系是 $C(q)=75+q^2$,求:

   (1) $q=4$(吨) 时的成本与平均成本;

   (2) $q=4$(吨) 时的边际成本,并说明经济意义.

2. 某厂对其产品的销售情况进行统计分析后,得出利润 $L(q)$(万元) 与每月产量 q(吨) 的关系是 $L(q)=250q-5q^2$,试确定每月生产 20 吨、25 吨、30 吨的边际利润,并作出经济解释.

3. 已知 A 企业生产 q 件产品的成本 $C(q)=10000+0.01q^2+10q$(元),若每件产品的售价为 40元,求边际成本、边际收益及边际利润,并求边际利润为 0 时的产量.

4. 已知某产品的需求函数 $Q(p)=800\left(\dfrac{1}{2}\right)^p$,其中 p 为产品价格,Q 为产品需求量,求当 $p=3$ 时的需求弹性.

5. 已知某产品的需求函数 $Q(p)=75-p^2$,其中 p 为产品价格,Q 为产品需求量.

   (1) 求 $p=4$ 时的收益弹性,并作出经济解释;

   (2) 求 $p=6$ 时的收益弹性,并作出经济解释;

   (3) p 等于多少时收益最大?最大收益是多少?

知识加油站

一、实验目的

掌握使用 Mathematica 求导数和微分运算.

二、命令说明

1. 求一阶导数命令：D
基本格式：D[f[x],x]
2. 求一阶微分命令：Dt
基本格式：Dt[f[x],x]
3. 求 n 阶导数命令：D
基本格式：D[f[x],{x,n}]

三、实验例题

例1 求函数 $g(x) = x^3 - 3x^2 + x + 1$ 的一阶导数.

解 输入命令：D[x^3 − 3 * x^2 + x + 1, x]

输出结果：$1 - 6x + 3x^2$

即 $g'(x) = 3x^2 - 6x + 1$.

例2 求函数 $y = x^n$ 的一阶导数.

解 输入命令：D[x^n, x]

输出结果：nx^{-1+n}

即 $y' = nx^{n-1}$.

注：在求导数时，已经将指数 n 看作常数.

例3 求函数 $y = 2x^7 + 5(x+1)^4$ 的 1 阶到 5 阶导数.

解 输入命令：D[2 * x^7 + 5 * (x+1)^4, {x,1}]

D[2 * x^7 + 5 * (x+1)^4, {x,2}]

D[2 * x^7 + 5 * (x+1)^4, {x,3}]

D[2 * x^7 + 5 * (x+1)^4, {x,4}]

D[2 * x^7 + 5 * (x+1)^4, {x,5}]

输出结果：$14x^6 + 20(1+x)^3$

$84x^5 + 60(1+x)^2$

$420x^4 + 120(1+x)$

$120 + 1680x^3$

$5040x^2$

即 $y' = 14x^6 + 20(1+x)^3$,

$y'' = 84x^5 + 60(1+x)^2$,

$y''' = 420x^4 + 120(1+x)$,

$y^{(4)} = 120 + 1680x^3$,

$$y^{(5)} = 5040x^2.$$

例 4　求函数 $y = \sin 2x$ 的微分.

解　输入命令：$\mathrm{Dt}[\mathrm{Sin}[2*\mathrm{x}]]$
　　　　输出结果：$2\mathrm{Cos}[2\mathrm{x}]\mathrm{Dt}[\mathrm{x}]$
　　　　即 $\mathrm{d}(\sin 2x) = 2\cos 2x\mathrm{d}x.$

四、实验习题

1. 求函数 $y = \sqrt[3]{x+1}$ 的导数.

2. 求函数 $y = 2^{\cos x}$ 的微分.

3. 求函数 $y = 3\ln x$ 的一阶、二阶导数.

4. 设函数 $y = x\sin x$，求 $y^{(4)}$.

知识清单

复习题二

1. 已知物体的运动规律为 $s = 10t - t^2\,(\mathrm{m})$，求这物体在 $t = 1\,\mathrm{s}$ 时的速度.

2. 求下列函数的导数：

(1) $y = x + \sqrt{x} + \sqrt[3]{x}$;　　　　　　　(2) $y = 5x^3 - 2^x + 3\mathrm{e}^x + \ln 3$;

(3) $y = \mathrm{e}^x(x^2 - 3x + 6)$;　　　　　　(4) $y = x^2\cos x\ln x$;

(5) $y = \dfrac{1+\sin t}{1+\cos t}$;　　　　　　　　(6) $y = \dfrac{\ln x + 1}{x+1}$;

(7) $y = x^{\sqrt{2}} + x\arcsin x$;　　　　　　(8) $y = \dfrac{1+x-x^2}{1-x+x^2}$.

3. 求下列函数在给定点处的导数：

(1) $f(x) = \dfrac{3}{5-x} + \dfrac{x^2}{5}$，求 $f'(0)$ 和 $f'(2)$;

(2) $f(x) = (x-1)(x-2)^2(x-3)^3$，求 $f'(1)$，$f'(2)$ 和 $f'(3)$;

(3) $\rho = \theta\sin\theta + \dfrac{1}{2}\cos\theta$，求 $\dfrac{\mathrm{d}\rho}{\mathrm{d}\theta}\Big|_{\theta=\frac{\pi}{4}}$.

4. 求下列函数的导数：

(1) $y = x\sqrt{1+x^2}$;　　　　　　　　(2) $y = \sqrt{x + \sqrt{x + \sqrt{x}}}$;

(3) $y = \sin\dfrac{2x}{1+x}$;　　　　　　　　(4) $y = [(x^3+1)^4+1]^3$;

(5) $y = \sqrt{1+\mathrm{e}^x}$;　　　　　　　　　(6) $y = \mathrm{e}^{\sqrt{x+1}}$;

(7) $y = \sec^3(\ln x)$;　　　　　　　　(8) $y = \mathrm{e}^{\sin\frac{1}{x}}$;

(9) $y = \arcsin\sqrt{\dfrac{1-x}{1+x}}$;　　　　　(10) $y = x^{a^a} + a^{x^a} + a^{a^x}\,(a > 0)$;

(11) $y = \dfrac{1}{4}\ln\dfrac{1+x}{1-x} - \dfrac{1}{2}\arctan x$;　　(12) $y = \dfrac{x}{2}\sqrt{x^2+a^2} + \dfrac{a^2}{2}\ln(x+\sqrt{x^2+a^2})$.

5. 求由下列方程确定的隐函数的导数：

(1) $y = \tan(x+y)$;　　　　　　　　(2) $y = 1 + x\mathrm{e}^y$;

(3) $\arctan\dfrac{y}{x} = \ln\sqrt{x^2+y^2}$;　　　　(4) $x^2 + 2xy - y^2 = 2x$，求 $y'\Big|_{\substack{x=2\\y=4}}$.

6. 用对数求导法求下列函数的导数:

(1) $y = \left(\dfrac{x}{1+x}\right)^x$;

(2) $y = \dfrac{\sqrt{x+2}\,(3-x)^4}{(x+1)^5}$;

(3) $y = \sqrt{x\sin x\,\sqrt{1-\mathrm{e}^x}}$;

(4) $y = x^{\frac{1}{x}}\ (x > 0)$.

7. 求曲线 $y = (x+1)\sqrt[3]{3-x}$ 在点 $(-1,0)$ 处的切线方程和法线方程.

8. 曲线 $y = 2 + x - x^2$ 在哪些点处的切线:(1) 平行于 x 轴?(2) 平行于第一象限角的平分线?

9. 曲线 $y = x\ln x$ 的切线垂直于两点 $A(2,1)$ 和 $B(6,-1)$ 的连线,求该切线方程.

10. 求下列函数的二阶导数:

(1) $y = 2x^2 + \ln x$;

(2) $y = \mathrm{e}^{-t}\sin t$;

(3) $y = \sqrt{a^2 - x^2}$;

(4) $y = \dfrac{\mathrm{e}^x}{x}$.

11. 求下列函数的 n 阶导数:

(1) $y = \dfrac{1}{1-x^2}$;

(2) $y = \dfrac{1-x}{1+x}$.

12. 求下列函数的单调区间与极值:

(1) $y = 2x^3 - 6x^2 - 18x + 7$;

(2) $y = -x^4 + 2x^2$;

(3) $y = x - \ln(1+x)$;

(4) $y = x + \sqrt{1-x}$;

(5) $y = \dfrac{1+3x}{\sqrt{4+5x^2}}$;

(6) $y = x^{\frac{1}{x}}$.

13. 求下列函数的最大值与最小值:

(1) $y = x^3 - 3x^2 - 9x + 14$, $x \in [0,4]$;

(2) $y = x^4 - 8x^2 + 2$, $x \in [-1,3]$.

14. 求下列函数的凹凸区间及拐点:

(1) $y = 1 - \sqrt[3]{x-2}$;

(2) $y = (x+1)^4 + \mathrm{e}^x$.

15. 某车间要靠墙壁盖一间长方形小屋,现有存砖只够砌 20 m 长的墙壁. 问:应围成怎样的长方形,才能使这间小屋的面积最大?

16. 求下列曲线在指定点处的曲率:

(1) 椭圆曲线 $4x^2 + y^2 = 4$ 在点 $(0,2)$ 处的曲率;

(2) 抛物线 $y = x^2 - 4x + 3$ 在其顶点处的曲率.

第三章 定积分及其应用

章节导读

党的二十大报告指出,为全面推进中华民族伟大复兴而团结奋斗,要维护国家主权和领土完整.钓鱼岛及其附属岛屿自古以来就是中国的固有领土,其主权和领土不允许受到一丝一毫的侵犯."一丝一毫",说明计算钓鱼岛的面积时,对精确度的要求很高.我们可以用本章定积分的知识来解决类似钓鱼岛这种不规则地形的面积计算问题.此外,定积分的知识还可以帮我们解决变速直线运动的路程、非匀质物体的质量计算等问题.

§3-1 定积分的概念

 变速直线运动的路程

例1 设某物体做变速直线运动,其速度 $v = v(t)$ 是时间段 $[a,b]$ 上的连续函数,求物体在该时间段内所经过的路程 s.

知识讲解:
定积分的引入

解 由于物体的运动速度不是常量,故不能用匀速直线运动的路程公式 $s = vt$ 来计算路程.但我们可以先设法求出路程的近似值,再通过极限逼近精确值.

如图 $3-1$,我们先将时间 $[a,b]$ 等分为 n 小段 $[t_0,t_1]$,$[t_1,t_2]$,$[t_2,t_3]$,$\cdots$,$[t_{n-1},t_n]$,其中 $t_0 = a$,$t_n = b$,每小段时间的长度 $\Delta t = \dfrac{b-a}{n}$,我们在每小段时间的左端点 $t_0,t_1,t_2,\cdots,t_{n-1}$ 读取速度 v,由于分段较密,可将每小段时间 $[t_{i-1},t_i]$ 的运动视为匀速运动,显然第 i 段内的路程可以近似表示为 $\Delta s_i \approx v(t_{i-1})\Delta t (i = 1,2,\cdots,n)$.

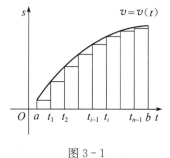

图 $3-1$

将 n 小段时间内的路程相加,就得总路程 s 的近似值,即

$$s = \sum_{i=1}^{n} \Delta s_i \approx \sum_{i=1}^{n} v(t_{i-1})\Delta t.$$

当 $n \to \infty$ 时,上述路程逼近物体运动总路程 s 的精确值,即

$$s = \lim_{n \to \infty} \sum_{i=1}^{n} v(t_{i-1})\Delta t.$$

注:(1)由于速度函数 $v = v(t)$ 是连续的,可以证明,当我们将时间段任意分割成若干小段,且在每小段时间内任选一个时间节点来读取速度时,由对时间间隔无限细分的极限过程所得的和式极限都是相等的;

(2)上述变速直线运动路程的计算也可理解为求由曲线 $v = v(t) > 0$,$s = 0$,$t = a$,$t = b$ 围成的曲边梯形的面积.

📝 定积分的定义

> **定义** 设函数 $f(x)$ 在区间 $[a,b]$ 上有定义，将区间 $[a,b]$ 任意分割成 n 个小区间 $[x_0,x_1]$，$[x_1,x_2]$，$[x_2,x_3]$，$\cdots$，$[x_{n-1},x_n]$，其中 $x_0=a$，$x_n=b$. 记 $\Delta x_i=x_i-x_{i-1}$，在小区间 $[x_{i-1},x_i]$ 上任取一点 $\xi_i(i=1,2,\cdots,n)$，令 $\lambda=\max\{\Delta x_i\}$，如果 $\lim\limits_{\lambda\to 0}\sum\limits_{i=1}^{n}f(\xi_i)\Delta x_i$ 存在，则称其极限值为 $f(x)$ 从 a 到 b 的**定积分**，记作
>
> $$\int_a^b f(x)\mathrm{d}x=\lim_{\lambda\to 0}\sum_{i=1}^{n}f(\xi_i)\Delta x_i.$$
>
> 其中，$\int$ 称为**积分符号**，a 称为**积分下限**，b 称为**积分上限**，$[a,b]$ 称为**积分区间**，$f(x)$ 称为**被积函数**，$f(x)\mathrm{d}x$ 称为**被积表达式**，x 称为**积分变量**，$\mathrm{d}x$ 称为**积分微元**.

根据定积分的定义，例 1 变速直线运动的路程 s 可表示为

$$s=\int_a^b v(t)\mathrm{d}t=\lim_{n\to\infty}\sum_{i=1}^{n}v(\xi_i)\Delta t.$$

关于定积分的定义，需说明下列几点：

> (1) 定积分是一个数值，只与被积函数 $f(x)$ 及积分区间 $[a,b]$ 有关，而与积分变量的记号无关，即
>
> $$\int_a^b f(x)\mathrm{d}x=\int_a^b f(t)\mathrm{d}t=\int_a^b f(u)\mathrm{d}u;$$
>
> (2) 规定 $\int_a^a f(x)\mathrm{d}x=0$，$\int_b^a f(x)\mathrm{d}x=-\int_a^b f(x)\mathrm{d}x$；
>
> (3) 若 $f(x)$ 在 $[a,b]$ 上连续或 $f(x)$ 在 $[a,b]$ 上有界且只有有限个第一类间断点，则 $f(x)$ 在 $[a,b]$ 上可积.

📝 定积分的几何意义

设曲线 $y=f(x)$ 与直线 $x=a$，$x=b$ 及 x 轴所围成的曲边梯形的面积为 A. 由定积分概念可知：

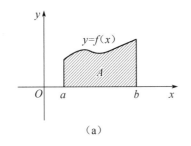

（a）

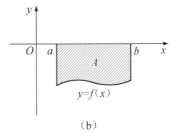

（b）

图 3 - 2

(1) 若在 $[a,b]$ 上，$f(x)\geqslant 0$，曲边梯形位于 x 轴上方，定积分 $\int_a^b f(x)\mathrm{d}x$ 表示曲边梯形的面积，即 $\int_a^b f(x)\mathrm{d}x=A$，如图 3 - 2(a)；

（2）若在 $[a,b]$ 上，$f(x) \leqslant 0$，曲边梯形位于 x 轴下方，定积分 $\int_a^b f(x)\mathrm{d}x$ 表示曲边梯形面积的负值，即 $\int_a^b f(x)\mathrm{d}x = -A$，如图 3-2(b)；

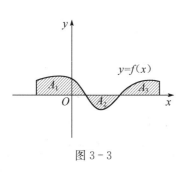

图 3-3

（3）若在 $[a,b]$ 上，$f(x)$ 有正值及负值，则由曲线 $y = f(x)$，直线 $x = a$，$x = b$ 以及 x 轴围成的平面图形的某些部分在 x 轴上方，其他部分在 x 轴下方，此时定积分 $\int_a^b f(x)\mathrm{d}x$ 表示 x 轴上方图形的面积减去 x 轴下方图形的面积后得到的差，即 $\int_a^b f(x)\mathrm{d}x = A_1 - A_2 + A_3$，如图 3-3.

例 2 根据定积分的几何意义计算 $\int_{-1}^2 x\mathrm{d}x$.

解 如图 3-4，$\int_{-1}^2 x\mathrm{d}x$ 等于直线 $y = x$，$x = -1$，$x = 2$ 及 x 轴所围成的平面图形在 x 轴上方部分的面积 A_2 减去其在 x 轴下方部分的面积 A_1，得

$$\int_{-1}^2 x\mathrm{d}x = A_2 - A_1 = \frac{1}{2} \times 2 \times 2 - \frac{1}{2} \times 1 \times 1 = 2 - \frac{1}{2} = \frac{3}{2}.$$

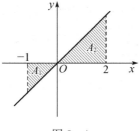

图 3-4

例 3 试用定积分表示由直线 $y = x - 1$，$x = 0$，$x = 3$ 以及 x 轴围成的平面图形的面积 A.

解 由图 3-5 可知，

$$A = A_1 + A_2 = -\int_0^1 (x-1)\mathrm{d}x + \int_1^3 (x-1)\mathrm{d}x.$$

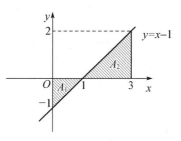

图 3-5

定积分的性质

设函数 $f(x)$，$g(x)$ 在 $[a,b]$ 上可积，则有以下性质：

> **性质 1** $\int_a^b kf(x)\mathrm{d}x = k\int_a^b f(x)\mathrm{d}x$ （k 为常数）.
>
> **性质 2** $\int_a^b [f(x) \pm g(x)]\mathrm{d}x = \int_a^b f(x)\mathrm{d}x \pm \int_a^b g(x)\mathrm{d}x$.
> 此性质可推广到有限个函数代数和的情形.
>
> **性质 3** 对于区间 $[a,b]$ 上任意一点 c，总有
> $$\int_a^b f(x)\mathrm{d}x = \int_a^c f(x)\mathrm{d}x + \int_c^b f(x)\mathrm{d}x.$$
> 这个性质表明定积分对于积分区间具有可加性.

如图 3-6，当点 c 位于区间 $[a,b]$ 之外时，可以证明性质 3 仍然成立.

> **性质 4** 如果在 $[a,b]$ 上 $f(x) = 1$，则 $\int_a^b 1\mathrm{d}x = b - a$.
>
> **性质 5** 如果在区间 $[a,b]$ 上恒有 $f(x) \leqslant g(x)$，则
> $$\int_a^b f(x)\mathrm{d}x \leqslant \int_a^b g(x)\mathrm{d}x.$$

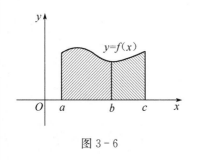

图 3-6

例 4 比较 $\int_1^e \ln^2 x \mathrm{d}x$ 与 $\int_1^e \ln^9 x \mathrm{d}x$.

解 因为在区间 $[1,e]$ 上，$0 \leqslant \ln x \leqslant 1$，故 $\ln^2 x \geqslant \ln^9 x$，由性质 5 可知，$\int_1^e \ln^2 x \mathrm{d}x \geqslant \int_1^e \ln^9 x \mathrm{d}x$.

性质 6(估值定理) 设 M 与 m 分别是函数 $f(x)$ 在 $[a,b]$ 上的最大值与最小值，则

$$m(b-a) \leqslant \int_a^b f(x)\mathrm{d}x \leqslant M(b-a).$$

例 5 估计定积分 $\int_1^3 e^x \mathrm{d}x$ 值的所在范围.

解 因为在区间 $[1,3]$ 上，被积函数 $f(x) = e^x$ 是单调递增的，于是有最小值 $m = f(1) = e$，最大值 $M = f(3) = e^3$，由性质 6 可知，$e(3-1) \leqslant \int_1^3 e^x \mathrm{d}x \leqslant e^3(3-1)$，即 $2e \leqslant \int_1^3 e^x \mathrm{d}x \leqslant 2e^3$.

性质 7(积分中值定理) 如果函数 $f(x)$ 在闭区间 $[a,b]$ 上连续，则在 $[a,b]$ 上至少存在一点 ξ，使得下式成立：

$$\int_a^b f(x)\mathrm{d}x = f(\xi)(b-a) \quad (a \leqslant \xi \leqslant b).$$

积分中值定理的几何解释是：设 $f(x) \geqslant 0$，则在区间 $[a,b]$ 上至少存在一点 ξ，使得以 $[a,b]$ 为底，$f(\xi)$ 为高的矩形的面积正好等于区间 $[a,b]$ 上以 $f(x)$ 为曲边的曲边梯形的面积，如图 3-7.

$f(\xi) = \dfrac{1}{b-a}\int_a^b f(x)\mathrm{d}x$ 称为 $f(x)$ 在区间 $[a,b]$ 上的平均值.

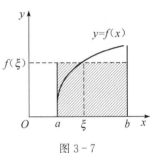

图 3-7

习题 3-1

1. 用定积分表示由曲线 $y = x^2$，$y = 0$，$x = 2$ 围成的平面图形的面积 A.

2. 利用定积分的几何意义，说明下列等式成立：

   (1) $\int_0^4 x\mathrm{d}x = 8$;　　　　　　　　(2) $\int_0^1 \sqrt{1-x^2}\,\mathrm{d}x = \dfrac{\pi}{4}$.

3. 利用定积分的性质，比较下列各组定积分值的大小：

   (1) $\int_0^1 x\mathrm{d}x$ 与 $\int_0^1 x^2\mathrm{d}x$;　　　　　(2) $\int_3^6 \ln x\mathrm{d}x$ 与 $\int_3^6 \ln^3 x\mathrm{d}x$.

4. 估计下列定积分的值：

   (1) $\int_0^1 (1+x^2)\mathrm{d}x$;　　　　　　　(2) $\int_0^2 \sqrt{1+x^4}\,\mathrm{d}x$.

§3-2 不定积分

不定积分的概念

例 1 曲线上任意一点 x 处的切线的斜率 $k = 2x$，且曲线经过点 $P(1,3)$，求此曲线方程.

解 设所求曲线方程为 $y = F(x)$，由题意知 $k = F'(x) = 2x$.

因为 $(x^2 + C)' = 2x(C$ 为任意常数)，故可得曲线方程为 $y = x^2 + C$.

将条件 $P(1,3)$ 代入曲线方程，得 $C = 2$，所以 $y = x^2 + 2$ 就是所求的曲线方程.

知识讲解：
不定积分的
概念

拓展知识：
求原函数是
求导的逆运
算解析

定义　设 $f(x)$ 是定义在某区间上的已知函数，如果存在一个函数 $F(x)$，满足 $F'(x) = f(x)$，则称 $F(x)$ 是 $f(x)$ 的一个原函数. 函数 $f(x)$ 的全体原函数 $F(x) + C$ 称为 $\boldsymbol{f(x)}$ 的不定积分，记作 $\int f(x)\mathrm{d}x$，即

$$\int f(x)\mathrm{d}x = F(x) + C.$$

其中，$\int$ 称为**积分符号**，$f(x)$ 称为**被积函数**，$f(x)\mathrm{d}x$ 称为**被积表达式**，x 称为**积分变量**，C 称为**积分常数**.

　　求函数 $f(x)$ 的一个原函数，就是对某个导函数进行逆运算；求函数 $f(x)$ 的不定积分，就是求函数 $f(x)$ 的全体原函数.

定理　若函数 $f(x)$ 有两个原函数 $F(x)$，$G(x)$，则 $F(x) = G(x) + C$.

例 2　求下列函数的不定积分：

(1) $f(x) = \cos x$；　　　　　　　　　　　　(2) $f(x) = 3x^2$.

解　(1) 因为 $(\sin x)' = \cos x$，$\sin x$ 是 $\cos x$ 的一个原函数，所以 $\cos x$ 的全体原函数是 $\sin x + C$，即

$$\int \cos x\mathrm{d}x = \sin x + C;$$

(2) 因为 $(x^3)' = 3x^2$，x^3 是 $3x^2$ 的一个原函数，所以 $3x^2$ 的全体原函数是 $x^3 + C$，即

$$\int 3x^2\mathrm{d}x = x^3 + C.$$

基本积分公式

　　不定积分是求导（或微分）的逆运算（仅相差一个常数），因此可以根据求导公式得出基本积分公式. 为方便起见，我们列出一些基本积分公式（如下）.

(1) $\int 0\mathrm{d}x = C$（C 为常数）；　　　　　　(2) $\int k\mathrm{d}x = kx + C$（$k$ 是任意常数）；

(3) $\int x^\alpha \mathrm{d}x = \dfrac{1}{\alpha + 1}x^{\alpha + 1} + C$（$\alpha \neq -1$）；　　(4) $\int \dfrac{1}{x}\mathrm{d}x = \ln|x| + C$；

(5) $\int a^x \mathrm{d}x = \dfrac{a^x}{\ln a} + C$；　　　　　　　(6) $\int \mathrm{e}^x \mathrm{d}x = \mathrm{e}^x + C$；

(7) $\int \cos x\mathrm{d}x = \sin x + C$；　　　　　　(8) $\int \sin x\mathrm{d}x = -\cos x + C$；

(9) $\int \sec^2 x\mathrm{d}x = \tan x + C$；　　　　　(10) $\int \csc^2 x\mathrm{d}x = -\cot x + C$；

(11) $\int \sec x\tan x\mathrm{d}x = \sec x + C$；　　　(12) $\int \csc x\cot x\mathrm{d}x = -\csc x + C$；

(13) $\int \dfrac{1}{1 + x^2}\mathrm{d}x = \arctan x + C$；　　(14) $\int \dfrac{1}{\sqrt{1 - x^2}}\mathrm{d}x = \arcsin x + C$.

例 3 求下列函数的不定积分：

(1) $\displaystyle\int \frac{1}{x^3}\mathrm{d}x$；   (2) $\displaystyle\int x^2\sqrt{x}\,\mathrm{d}x$；   (3) $\displaystyle\int 2^x\mathrm{e}^x\,\mathrm{d}x$.

解 (1) $\displaystyle\int \frac{1}{x^3}\mathrm{d}x = \int x^{-3}\mathrm{d}x = \frac{1}{-3+1}x^{-3+1}+C = -\frac{1}{2x^2}+C$；

(2) $\displaystyle\int x^2\sqrt{x}\,\mathrm{d}x = \int x^{\frac{5}{2}}\mathrm{d}x = \frac{1}{\frac{5}{2}+1}x^{\frac{5}{2}+1}+C = \frac{2}{7}x^{\frac{7}{2}}+C$；

(3) $\displaystyle\int 2^x\mathrm{e}^x\,\mathrm{d}x = \int (2\mathrm{e})^x\,\mathrm{d}x = \frac{(2\mathrm{e})^x}{\ln(2\mathrm{e})}+C = \frac{2^x\mathrm{e}^x}{1+\ln 2}+C$.

📝 **不定积分的运算法则**

根据不定积分的定义，可以证明积分运算满足下列运算法则：

> **法则 1** $\displaystyle\int kf(x)\mathrm{d}x = k\int f(x)\mathrm{d}x$ (k 是常数，$k\neq 0$).
>
> **法则 2** $\displaystyle\int [f(x)\pm g(x)]\mathrm{d}x = \int f(x)\mathrm{d}x \pm \int g(x)\mathrm{d}x$.
>
> 法则 2 可推广到有限个函数的情形.

知识讲解：
不定积分的
运算法则

例 4 求 $\displaystyle\int (\mathrm{e}^x - 2\cos x)\mathrm{d}x$.

解 $\displaystyle\int (\mathrm{e}^x - 2\cos x)\mathrm{d}x = \int \mathrm{e}^x\mathrm{d}x - 2\int \cos x\mathrm{d}x = \mathrm{e}^x - 2\sin x + C$.

在各次积分后，每个不定积分的结果都含有任意常数，由于任意常数的和仍是任意常数，所以在积分运算中，最后可合并多个积分常数，只要写出一个任意常数 C 就可以了.

例 5 求 $\displaystyle\int \left(\frac{2}{x} - \frac{3}{\sqrt{1-x^2}} + \frac{5}{1+x^2} + 3^x\right)\mathrm{d}x$.

解 $\displaystyle\int \left(\frac{2}{x} - \frac{3}{\sqrt{1-x^2}} + \frac{5}{1+x^2} + 3^x\right)\mathrm{d}x = 2\int \frac{1}{x}\mathrm{d}x - 3\int \frac{1}{\sqrt{1-x^2}}\mathrm{d}x + 5\int \frac{1}{1+x^2}\mathrm{d}x + \int 3^x\mathrm{d}x$

$$= 2\ln|x| - 3\arcsin x + 5\arctan x + \frac{3^x}{\ln 3} + C.$$

例 6 求 $\displaystyle\int \frac{1+x+x^2}{x(1+x^2)}\mathrm{d}x$.

解 $\displaystyle\int \frac{1+x+x^2}{x(1+x^2)}\mathrm{d}x = \int \frac{x+(1+x^2)}{x(1+x^2)}\mathrm{d}x = \int \frac{1}{1+x^2}\mathrm{d}x + \int \frac{1}{x}\mathrm{d}x = \arctan x + \ln|x| + C$.

例 7 求 $\displaystyle\int \frac{(x-1)^2}{\sqrt{x}}\mathrm{d}x$.

例题拓展

解 $\displaystyle\int \frac{(x-1)^2}{\sqrt{x}}\mathrm{d}x = \int \frac{x^2-2x+1}{\sqrt{x}}\mathrm{d}x = \int \left(x^{\frac{3}{2}} - 2x^{\frac{1}{2}} + x^{-\frac{1}{2}}\right)\mathrm{d}x$

$$= \int x^{\frac{3}{2}}\mathrm{d}x - 2\int x^{\frac{1}{2}}\mathrm{d}x + \int x^{-\frac{1}{2}}\mathrm{d}x = \frac{2}{5}x^{\frac{5}{2}} - \frac{4}{3}x^{\frac{3}{2}} + 2x^{\frac{1}{2}} + C.$$

1. 根据原函数的定义和导数公式,写出下列函数 $f(x)$ 的一个原函数:

(1) $f(x) = e^x$;　　　　　　　　　　　　(2) $f(x) = \dfrac{1}{\sqrt{x}}$.

2. 判断下列各式是否正确:

(1) $\displaystyle\int x\,dx = \dfrac{x^2}{2}$;　　　　　　　　　(2) $\displaystyle\int \sin x\,dx = \cos x + C$.

3. 求下列不定积分:

(1) $\displaystyle\int \left(x^2 + \sqrt{x} + \dfrac{1}{x}\right)dx$;　　　　(2) $\displaystyle\int \left(5^x + \dfrac{4}{x} + \dfrac{2}{\sqrt{x}}\right)dx$;

(3) $\displaystyle\int (x + 2\sin x + \cos x)\,dx$;　　　(4) $\displaystyle\int (3e^x - 2^x + x^2)\,dx$;

(5) $\displaystyle\int \dfrac{\sqrt{x}\,\sqrt[3]{x}}{x^2}\,dx$;　　　　　　　(6) $\displaystyle\int \dfrac{x^2}{1 + x^2}\,dx$.

§3-3　牛顿-莱布尼茨公式

由定积分的概念可知,求面积就是求一个和式的极限,但在实际运算中这是非常困难的,因此我们有必要寻求一种新的计算方法.

📝 变上限定积分

设函数 $f(x)$ 在区间 $[a,b]$ 上连续,对于任意的 $x \in [a,b]$,讨论定积分 $\displaystyle\int_a^x f(x)\,dx$. 由于式中的 x 既表示积分上限又表示积分变量,为区别起见,我们将积分变量 x 改写为 t,则上述定积分可写成 $\displaystyle\int_a^x f(t)\,dt$. 它是定义在 $[a,b]$ 上的一个函数,我们将其记为 $\Phi(x)$,即

$$\Phi(x) = \int_a^x f(t)\,dt \quad (a \leqslant x \leqslant b).$$

函数 $\Phi(x)$ 称为**变上限定积分**.

知识讲解:
变上限定积分函数

> **定理 1**　如果函数 $f(x)$ 在区间 $[a,b]$ 上连续,则变上限定积分 $\Phi(x) = \displaystyle\int_a^x f(t)\,dt$ 在 $[a,b]$ 上可导,且导数
>
> $$\Phi'(x) = \frac{d}{dx}\int_a^x f(t)\,dt = f(x) \quad (a \leqslant x \leqslant b).$$

证明　设 x 取得增量 Δx,则相应地,函数 $\Phi(x)$ 取得增量

$$\Delta\Phi = \Phi(x + \Delta x) - \Phi(x) = \int_a^{x+\Delta x} f(t)\,dt - \int_a^x f(t)\,dt$$

$$= \int_x^{x+\Delta x} f(t)\,dt = f(\xi)\Delta x.$$

其中 ξ 介于 x 与 $x + \Delta x$ 之间(图 3-8),

$$\frac{\Delta\Phi}{\Delta x} = f(\xi),$$

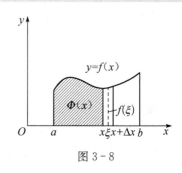

图 3-8

当 $\Delta x \to 0$ 时,有 $\xi \to x$,又 $f(x)$ 连续,所以

$$\Phi'(x) = \lim_{\Delta x \to 0} \frac{\Delta \Phi}{\Delta x} = \lim_{\xi \to x} f(\xi) = f(x).$$

这个定理表明:对于连续函数 $f(x)$,其相应的变上限定积分 $\Phi(x)$ 是 $f(x)$ 的一个原函数.

例 1   求 $\dfrac{\mathrm{d}}{\mathrm{d}x} \displaystyle\int_0^x \mathrm{e}^{-t^2} \mathrm{d}t$.

解   由定理 1 得 $\dfrac{\mathrm{d}}{\mathrm{d}x} \displaystyle\int_0^x \mathrm{e}^{-t^2} \mathrm{d}t = \mathrm{e}^{-x^2}$.

例题拓展

例 2   求 $\dfrac{\mathrm{d}}{\mathrm{d}x} \displaystyle\int_0^{x^2} \cos t \mathrm{d}t$.

解   令 $u = x^2$,则 $\displaystyle\int_0^{x^2} \cos t \mathrm{d}t$ 便是由 $\displaystyle\int_0^u \cos t \mathrm{d}t$ 与 $u = x^2$ 复合而成的复合函数,根据复合函数求导法则,有

$$\frac{\mathrm{d}}{\mathrm{d}x} \int_0^{x^2} \cos t \mathrm{d}t = \frac{\mathrm{d}}{\mathrm{d}u} \int_0^u \cos t \mathrm{d}t \cdot \frac{\mathrm{d}u}{\mathrm{d}x} = \cos u \cdot 2x = 2x \cos x^2.$$

牛顿-莱布尼茨公式

> **定理 2**   设 $f(x)$ 在区间 $[a,b]$ 上连续,$F(x)$ 是 $f(x)$ 的一个原函数,则有
>
> $$\int_a^b f(x) \mathrm{d}x = F(x) \Big|_a^b = F(b) - F(a).$$

知识讲解:微积分基本公式

上述公式称为**牛顿-莱布尼茨公式**,它深刻地揭示出定积分与不定积分之间的内在联系,并为定积分的计算提供了有效而简便的方法. 函数 $f(x)$ 在区间 $[a,b]$ 上的定积分等于它的一个原函数在 $[a,b]$ 上的增量.

例 3   求 $\displaystyle\int_0^1 x^2 \mathrm{d}x$.

解 $\displaystyle\int_0^1 x^2 \mathrm{d}x = \frac{1}{3} x^3 \Big|_0^1 = \frac{1}{3} - 0 = \frac{1}{3}$.

$\displaystyle\int_0^1 x^2 \mathrm{d}x = \left(\frac{1}{3} x^3 + C\right) \Big|_0^1 = \left(\frac{1}{3} + C\right) - C = \frac{1}{3}$.

由例 3 可以看出,在计算定积分时,是否加 C 不影响定积分的值,因此以后进行定积分计算时不需要再加 C.

例 4   求 $\displaystyle\int_{-2}^{-1} \frac{1}{x} \mathrm{d}x$.

解 $\displaystyle\int_{-2}^{-1} \frac{1}{x} \mathrm{d}x = \ln|x| \Big|_{-2}^{-1} = \ln 1 - \ln 2 = -\ln 2$.

例 5   求 $\displaystyle\int_1^4 \frac{\sqrt{x}}{x} \mathrm{d}x$.

解 $\displaystyle\int_1^4 \frac{\sqrt{x}}{x} \mathrm{d}x = \int_1^4 x^{-\frac{1}{2}} \mathrm{d}x = \frac{1}{-\frac{1}{2}+1} x^{-\frac{1}{2}+1} \Big|_1^4 = 2 x^{\frac{1}{2}} \Big|_1^4 = 2 \times (2-1) = 2$.

例 6   求 $\displaystyle\int_1^2 \left(\mathrm{e}^x + \frac{1}{x^2} + 4\right) \mathrm{d}x$.

解 $\displaystyle\int_1^2 \left(\mathrm{e}^x + \frac{1}{x^2} + 4\right) \mathrm{d}x = \left(\mathrm{e}^x - \frac{1}{x} + 4x\right) \Big|_1^2 = \left(\mathrm{e}^2 - \frac{1}{2} + 8\right) - (\mathrm{e} - 1 + 4) = \mathrm{e}^2 - \mathrm{e} + \frac{9}{2}$.

例 7　求 $\int_0^{\frac{\pi}{2}}(2\sin x+3\cos x)\mathrm{d}x$.

解　$\int_0^{\frac{\pi}{2}}(2\sin x+3\cos x)\mathrm{d}x=2\int_0^{\frac{\pi}{2}}\sin x\mathrm{d}x+3\int_0^{\frac{\pi}{2}}\cos x\mathrm{d}x=-2\cos x\Big|_0^{\frac{\pi}{2}}+3\sin x\Big|_0^{\frac{\pi}{2}}$

$$=-2\times(0-1)+3\times(1-0)=5.$$

例 8　设 $f(x)=\begin{cases}x, & x\leqslant 0,\\ \mathrm{e}^x, & x>0,\end{cases}$ 求 $\int_{-1}^{1}f(x)\mathrm{d}x$.

解　$\int_{-1}^{1}f(x)\mathrm{d}x=\int_{-1}^{0}x\mathrm{d}x+\int_{0}^{1}\mathrm{e}^x\mathrm{d}x=\frac{1}{2}x^2\Big|_{-1}^{0}+\mathrm{e}^x\Big|_{0}^{1}=-\frac{1}{2}+\mathrm{e}-1=\mathrm{e}-\frac{3}{2}.$

例 9　求 $\int_0^5|2x-4|\mathrm{d}x$.

解　令 $2x-4=0$,得 $x=2$,因此 $f(x)=|2x-4|=\begin{cases}4-2x, & 0\leqslant x\leqslant 2,\\ 2x-4, & 2<x\leqslant 5.\end{cases}$

$\int_0^5|2x-4|\mathrm{d}x=\int_0^2(4-2x)\mathrm{d}x+\int_2^5(2x-4)\mathrm{d}x$

$$=(4x-x^2)\Big|_0^2+(x^2-4x)\Big|_2^5=(8-4)+(25-20)-(4-8)=13.$$

习题 3-3

1. 求下列导数:

(1) $\dfrac{\mathrm{d}}{\mathrm{d}x}\int_1^x\dfrac{\mathrm{d}t}{\sqrt{1+t^4}}$;

(2) $\dfrac{\mathrm{d}}{\mathrm{d}x}\int_2^{2x}t\sin t\mathrm{d}t$.

2. 求下列定积分:

(1) $\int_0^1(x-x\sqrt{x})\mathrm{d}x$;

(2) $\int_0^2(x+5^x)\mathrm{d}x$;

(3) $\int_0^{\frac{\pi}{2}}(2x+3\cos x)\mathrm{d}x$;

(4) $\int_0^{\frac{1}{2}}\dfrac{3}{\sqrt{1-x^2}}\mathrm{d}x-\int_0^1\dfrac{1}{1+x^2}\mathrm{d}x$;

(5) $\int_1^2\left(4x^3+\dfrac{2}{x}\right)\mathrm{d}x$;

(6) $\int_0^2|x-1|\mathrm{d}x$.

3. 设 $f(x)=\begin{cases}\mathrm{e}^x, & x\leqslant 0,\\ 2x, & x>0,\end{cases}$ 计算 $\int_{-1}^{2}f(x)\mathrm{d}x$.

§3-4　定积分的换元积分法

能利用积分公式计算的定积分是很有限的,即使像 $\tan x$ 与 $\ln x$ 这样一些基本初等函数的积分也很难求得,因此有必要寻求更有效的积分法.本节将介绍一种重要的积分法——换元积分法.

第一类换元积分法(凑微分法)

例 1　求 $\int_0^{\frac{\pi}{4}}\cos 2x\mathrm{d}x$.

解　因为 $\mathrm{d}(2x)=2\mathrm{d}x$,所以 $\mathrm{d}x=\frac{1}{2}\mathrm{d}(2x)$.

令 $2x=u$,当 $x=0$ 时,$u=0$;当 $x=\frac{\pi}{4}$ 时,$u=\frac{\pi}{2}$. 于是

$$\int_0^{\frac{\pi}{4}} \cos 2x \mathrm{d}x = \frac{1}{2}\int_0^{\frac{\pi}{4}} \cos 2x \mathrm{d}(2x) \xrightarrow{\text{令} 2x = u} \frac{1}{2}\int_0^{\frac{\pi}{2}} \cos u \mathrm{d}u = \frac{1}{2}\sin u\Big|_0^{\frac{\pi}{2}} = \frac{1}{2}.$$

例 2　求 $\int_0^2 (2x-1)^3 \mathrm{d}x$.

解　因为 $\mathrm{d}(2x-1) = 2\mathrm{d}x$, 所以 $\mathrm{d}x = \frac{1}{2}\mathrm{d}(2x-1)$. 令 $2x-1 = t$, 当 $x = 0$ 时, $t = -1$; 当 $x = 2$ 时, $t = 3$. 于是

$$\int_0^2 (2x-1)^3 \mathrm{d}x = \frac{1}{2}\int_0^2 (2x-1)^3 \mathrm{d}(2x-1) \xrightarrow{\text{令} 2x-1 = t} \frac{1}{2}\int_{-1}^3 t^3 \mathrm{d}t = \frac{1}{8}t^4\Big|_{-1}^3 = 10.$$

在前面两道例题的解题过程中, 实际上都是先将积分微元凑成某个函数的微分, 然后使用公式求出积分, 这种方法称为**第一类换元积分法**, 又称**凑微分法**. 常用的凑微分式有:

(1) $\mathrm{d}x = \frac{1}{a}\mathrm{d}(ax+b)$;	(2) $x\mathrm{d}x = \frac{1}{2}\mathrm{d}x^2$;
(3) $\frac{1}{x}\mathrm{d}x = \mathrm{d}\ln x$;	(4) $\frac{1}{\sqrt{x}}\mathrm{d}x = 2\mathrm{d}\sqrt{x}$;
(5) $\mathrm{e}^x\mathrm{d}x = \mathrm{d}\mathrm{e}^x$;	(6) $\cos x\mathrm{d}x = \mathrm{d}\sin x$;
(7) $\frac{1}{1+x^2}\mathrm{d}x = \mathrm{d}\arctan x$;	(8) $\frac{1}{\sqrt{1-x^2}}\mathrm{d}x = \mathrm{d}\arcsin x$.

第一类换元积分法的一般形式的计算过程:

$$\int_a^b f[\varphi(x)]\varphi'(x)\mathrm{d}x = \int_a^b f[\varphi(x)]\mathrm{d}\varphi(x) \xrightarrow{\text{令} \varphi(x) = u} \int_\alpha^\beta f(u)\mathrm{d}u = F(u)\Big|_\alpha^\beta = F(\beta) - F(\alpha).$$

注: 在使用换元积分时, 积分的上下限应做相应的改变.

例 3　求 $\int_e^{e^2} \frac{\ln^3 x}{x}\mathrm{d}x$.

解　$\int_e^{e^2} \frac{\ln^3 x}{x}\mathrm{d}x = \int_e^{e^2} \ln^3 x \mathrm{d}\ln x \xrightarrow{\text{令} \ln x = t} \int_1^2 t^3 \mathrm{d}t = \frac{1}{4}t^4\Big|_1^2 = \frac{15}{4}.$

例 4　求 $\int_0^2 2x\mathrm{e}^{x^2}\mathrm{d}x$.

解　$\int_0^2 2x\mathrm{e}^{x^2}\mathrm{d}x = \int_0^2 \mathrm{e}^{x^2}\mathrm{d}x^2 \xrightarrow{\text{令} x^2 = u} \int_0^4 \mathrm{e}^u \mathrm{d}u = \mathrm{e}^u\Big|_0^4 = \mathrm{e}^4 - 1.$

例 5　求 $\int_0^{\frac{\pi}{3}} \tan x\mathrm{d}x$.

解　$\int_0^{\frac{\pi}{3}} \tan x\mathrm{d}x = \int_0^{\frac{\pi}{3}} \frac{\sin x}{\cos x}\mathrm{d}x = -\int_0^{\frac{\pi}{3}} \frac{1}{\cos x}\mathrm{d}\cos x \xrightarrow{\text{令} \cos x = u} -\int_1^{\frac{1}{2}} \frac{1}{u}\mathrm{d}u = -\ln|u|\Big|_1^{\frac{1}{2}} = \ln 2.$

例 6　求 $\int_0^{\frac{1}{2}} \frac{1}{1+4x^2}\mathrm{d}x$.

解　$\int_0^{\frac{1}{2}} \frac{1}{1+4x^2}\mathrm{d}x = \frac{1}{2}\int_0^{\frac{1}{2}} \frac{1}{1+4x^2}\mathrm{d}(2x) \xrightarrow{\text{令} 2x = u} \frac{1}{2}\int_0^1 \frac{1}{1+u^2}\mathrm{d}u = \frac{1}{2}\arctan u\Big|_0^1 = \frac{\pi}{8}.$

知识讲解：
不定积分的
第二类换元
积分法

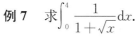 **第二类换元积分法**

例7 求 $\int_0^4 \frac{1}{1+\sqrt{x}}\mathrm{d}x$.

解 $\int_0^4 \frac{1}{1+\sqrt{x}}\mathrm{d}x \xlongequal{\text{令}\sqrt{x}=u} \int_0^2 \frac{1}{1+u}2u\mathrm{d}u = 2\int_0^2 \frac{1+u-1}{1+u}\mathrm{d}u = 2\left[\int_0^2 \mathrm{d}u - \int_0^2 \frac{1}{1+u}\mathrm{d}(u+1)\right]$

$$= 2\left(u\Big|_0^2 - \ln|u+1|\Big|_0^2\right) = 4 - 2\ln 3.$$

第二类换元积分法的一般形式的计算过程：

$$\int_\alpha^\beta f(u)\mathrm{d}u \xlongequal{\text{令}u=\varphi(x)} \int_a^b f[\varphi(x)]\varphi'(x)\mathrm{d}x = G(x)\Big|_a^b = G(b)-G(a).$$

知识讲解：
定积分的换
元积分法

例8 求 $\int_0^a \sqrt{a^2-x^2}\mathrm{d}x(a>0)$.

解 $\int_0^a \sqrt{a^2-x^2}\mathrm{d}x \xlongequal{\text{令}x=a\sin t} a^2\int_0^{\frac{\pi}{2}} \cos^2 t\mathrm{d}t = \frac{a^2}{2}\int_0^{\frac{\pi}{2}}(1+\cos 2t)\mathrm{d}t$

$$= \frac{a^2}{2}\left(\int_0^{\frac{\pi}{2}}\mathrm{d}t + \frac{1}{2}\int_0^{\frac{\pi}{2}}\cos 2t\mathrm{d}(2t)\right) = \frac{a^2}{2}\left(t+\frac{1}{2}\sin 2t\right)\Big|_0^{\frac{\pi}{2}} = \frac{\pi a^2}{4}.$$

利用定积分的换元积分法，我们可以得出如下结论：

知识讲解：
定积分的简
化计算方法

> **定理** 设 $f(x)$ 在对称区间 $[-a,a]$ 上连续，则有
>
> $$\int_{-a}^a f(x)\mathrm{d}x = \begin{cases} 2\int_0^a f(x)\mathrm{d}x, & f(x) \text{ 为偶函数}, \\ 0, & f(x) \text{ 为奇函数}. \end{cases}$$

利用上述定理，可使偶函数或奇函数在对称区间上的积分计算简化.

例9 求：(1) $\int_{-\frac{\pi}{4}}^{\frac{\pi}{4}} \frac{\sin x}{1+x^2}\mathrm{d}x$；(2) $\int_{-1}^1 \left(x-x^2\sin x+\frac{x}{\sqrt{4-x^2}}+x^2\right)\mathrm{d}x$.

解 (1) 因为 $f(x)=\frac{\sin x}{1+x^2}$ 在 $\left[-\frac{\pi}{4},\frac{\pi}{4}\right]$ 上为奇函数，所以

$$\int_{-\frac{\pi}{4}}^{\frac{\pi}{4}} \frac{\sin x}{1+x^2}\mathrm{d}x = 0;$$

(2) $\int_{-1}^1 \left(x-x^2\sin x+\frac{x}{\sqrt{4-x^2}}+x^2\right)\mathrm{d}x = \int_{-1}^1 \left(x-x^2\sin x+\frac{x}{\sqrt{4-x^2}}\right)\mathrm{d}x + \int_{-1}^1 x^2\mathrm{d}x$

$$= 0 + 2\int_0^1 x^2\mathrm{d}x = \frac{2}{3}x^3\Big|_0^1 = \frac{2}{3}.$$

 习题 3-4

1. 求下列定积分：

(1) $\int_0^1 \mathrm{e}^{2x}\mathrm{d}x$；

(2) $\int_0^1 \sqrt{3x+1}\mathrm{d}x$；

(3) $\int_1^e \frac{\ln^4 x}{x}\mathrm{d}x$；

(4) $\int_0^{\frac{\pi}{2}} \sin^3 x\cos x\mathrm{d}x$；

(5) $\displaystyle\int_{\frac{\pi^2}{36}}^{\frac{\pi^2}{4}} \frac{\cos\sqrt{x}}{\sqrt{x}}\mathrm{d}x$;

(6) $\displaystyle\int_0^{\frac{\pi}{2}} \cos x\mathrm{e}^{\sin x}\mathrm{d}x$;

(7) $\displaystyle\int_4^9 \frac{\sqrt{x}}{\sqrt{x}-1}\mathrm{d}x$;

(8) $\displaystyle\int_0^1 \frac{1}{\sqrt{4-x^2}}\mathrm{d}x$.

2. 求下列定积分:

(1) $\displaystyle\int_{-1}^1 (\sin^3 x + x\cos x + 5)\mathrm{d}x$;

(2) $\displaystyle\int_{-1}^1 \left(x^3 + \frac{x}{1+x^2} + \mathrm{e}^x\right)\mathrm{d}x$.

§3−5 定积分的分部积分法

设函数 $u(x), v(x)$ 在区间 $[a,b]$ 上均具有连续的导数,则 $\mathrm{d}(uv) = v\mathrm{d}u + u\mathrm{d}v$.

上式两端分别求区间 $[a,b]$ 上的定积分,

$$\int_a^b \mathrm{d}(uv) = \int_a^b v\mathrm{d}u + \int_a^b u\mathrm{d}v.$$

由于 $\displaystyle\int_a^b \mathrm{d}(uv) = (uv)\Big|_a^b$,故

$$\int_a^b u\mathrm{d}v = (uv)\Big|_a^b - \int_a^b v\mathrm{d}u.$$

上式称为**定积分的分部积分公式**.

例 1 求 $\displaystyle\int_0^1 x\mathrm{e}^x\mathrm{d}x$.

解 $\displaystyle\int_0^1 x\mathrm{e}^x\mathrm{d}x = \int_0^1 x\mathrm{d}\mathrm{e}^x = (x\mathrm{e}^x)\Big|_0^1 - \int_0^1 \mathrm{e}^x\mathrm{d}x = \mathrm{e} - \mathrm{e}^x\Big|_0^1 = \mathrm{e} - (\mathrm{e}-1) = 1$.

例 2 求 $\displaystyle\int_1^{\mathrm{e}} x^2\ln x\mathrm{d}x$.

解 $\displaystyle\int_1^{\mathrm{e}} x^2\ln x\mathrm{d}x = \int_1^{\mathrm{e}} \ln x\mathrm{d}\frac{x^3}{3} = \left(\ln x\frac{x^3}{3}\right)\Big|_1^{\mathrm{e}} - \frac{1}{3}\int_1^{\mathrm{e}} x^3\mathrm{d}\ln x$

$\displaystyle = \frac{\mathrm{e}^3}{3} - \frac{1}{3}\int_1^{\mathrm{e}} x^2\mathrm{d}x = \frac{\mathrm{e}^3}{3} - \frac{1}{9} x^3\Big|_1^{\mathrm{e}} = \frac{2\mathrm{e}^3}{9} + \frac{1}{9}$.

例 3 求 $\displaystyle\int_0^{\frac{\pi}{4}} x\sin 2x\mathrm{d}x$.

解 $\displaystyle\int_0^{\frac{\pi}{4}} x\sin 2x\mathrm{d}x = -\frac{1}{2}\int_0^{\frac{\pi}{4}} x\mathrm{d}\cos 2x = -\frac{1}{2}\left[(x\cos 2x)\Big|_0^{\frac{\pi}{4}} - \int_0^{\frac{\pi}{4}} \cos 2x\mathrm{d}x\right]$

$\displaystyle = \frac{1}{4}\int_0^{\frac{\pi}{4}} \cos 2x\mathrm{d}(2x) = \frac{1}{4}\sin 2x\Big|_0^{\frac{\pi}{4}} = \frac{1}{4}$.

例 4 求 $\displaystyle\int_0^1 \arctan x\mathrm{d}x$.

解 $\displaystyle\int_0^1 \arctan x\mathrm{d}x = (x\arctan x)\Big|_0^1 - \int_0^1 x\mathrm{d}\arctan x = \frac{\pi}{4} - \int_0^1 \frac{x}{1+x^2}\mathrm{d}x = \frac{\pi}{4} - \frac{1}{2}\int_0^1 \frac{1}{1+x^2}\mathrm{d}(x^2+1)$

$\displaystyle = \frac{\pi}{4} - \frac{1}{2}\ln(x^2+1)\Big|_0^1 = \frac{\pi}{4} - \frac{1}{2}\ln 2$.

从上面例题的计算可以看出,若被积函数是幂函数与指数函数或三角函数的乘积形式,则将指数函数或三角函数凑成 v,这样计算就会简便些;若被积函数是幂函数与对数函数或反三角函数的乘积形式,则将幂函数凑成 v,这样计算就会简便些.

知识讲解:
不定积分的
分部积分法

知识讲解:
定积分的分
部积分法

例 5 求 $\int_0^{\frac{\pi}{2}} e^x \sin x \, dx$.

解
$$\int_0^{\frac{\pi}{2}} e^x \sin x \, dx = \int_0^{\frac{\pi}{2}} \sin x \, d e^x = (e^x \sin x) \Big|_0^{\frac{\pi}{2}} - \int_0^{\frac{\pi}{2}} e^x \cos x \, dx$$

$$= e^{\frac{\pi}{2}} - \int_0^{\frac{\pi}{2}} \cos x \, d e^x = e^{\frac{\pi}{2}} - \left[(e^x \cos x) \Big|_0^{\frac{\pi}{2}} + \int_0^{\frac{\pi}{2}} e^x \sin x \, dx \right]$$

$$= e^{\frac{\pi}{2}} + 1 - \int_0^{\frac{\pi}{2}} e^x \sin x \, dx,$$

所以 $\int_0^{\frac{\pi}{2}} e^x \sin x \, dx = \dfrac{1}{2} (e^{\frac{\pi}{2}} + 1)$.

习题 3-5

求下列定积分：

(1) $\int_0^1 x e^{-x} \, dx$;

(2) $\int_1^e x^3 \ln x \, dx$;

(3) $\int_0^{\frac{\pi}{2}} x \cos x \, dx$;

(4) $\int_0^1 x \arctan x \, dx$;

(5) $\int_0^1 e^{\sqrt{x}} \, dx$;

(6) $\int_0^{\frac{\pi}{2}} e^x \cos x \, dx$.

§3-6 广 义 积 分

前面介绍的定积分都是在有限区间上有界函数的积分,这类积分也称常义积分,但在实际问题中,还会遇到积分区间无限或被积函数在积分区间上无界的情况,这就需要将通常意义的积分概念推广开来,推广后的积分称为**广义积分**.

无穷限广义积分

例 1 求由曲线 $y = e^{-x}$,直线 $x = 0$, $y = 0$ 围成的"开口图形"的面积,如图 3-9.

解 由于曲线与 x 轴无限接近但不相交,不能直接使用定积分公式. 现任取 $B > 0$,先求出区间 $[0, B]$ 上所对应的图形面积:

$$\int_0^B e^{-x} \, dx = -e^{-x} \Big|_0^B = 1 - e^{-B}.$$

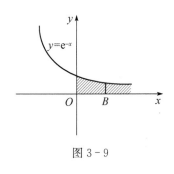

图 3-9

令 $B \to +\infty$,便得到所求图形的面积,即

$$\int_0^{+\infty} e^{-x} \, dx = \lim_{B \to +\infty} \left(-e^{-x} \Big|_0^B \right) = \lim_{B \to +\infty} (1 - e^{-B}) = 1.$$

上述"开口图形"的面积为有限值这个结果告诉我们,当面对问题的时候,不能一味地靠主观判断,一定要用科学理性思维去辩证地分析和思考问题. 党的二十大报告也指出,要坚持运用辩证唯物主义和历史唯物主义,才能正确回答时代和实践提出的重大问题.

定义 1 若函数 $f(x)$ 在区间 $[a, +\infty)$ 上连续,$B > a$,极限 $\lim\limits_{B \to +\infty} \int_a^B f(x) \, dx$ 存在,则称无穷限广义积分 $\int_a^{+\infty} f(x) \, dx$ 收敛,记作

$$\int_a^{+\infty} f(x) \, dx = \lim_{B \to +\infty} \int_a^B f(x) \, dx,$$

否则称该无穷限广义积分 $\int_a^{+\infty} f(x)\mathrm{d}x$ 发散.

类似地,可定义函数 $f(x)$ 在 $(-\infty,b]$ 上的广义积分为

$$\int_{-\infty}^b f(x)\mathrm{d}x = \lim_{A \to -\infty} \int_A^b f(x)\mathrm{d}x.$$

定义 2 函数 $f(x)$ 在无穷区间 $(-\infty,+\infty)$ 上的广义积分定义为

$$\int_{-\infty}^{+\infty} f(x)\mathrm{d}x = \int_{-\infty}^c f(x)\mathrm{d}x + \int_c^{+\infty} f(x)\mathrm{d}x,$$

其中 c 为任意给定的实数,当上述右端两个积分都收敛时,称广义积分 $\int_{-\infty}^{+\infty} f(x)\mathrm{d}x$ 收敛,否则称广义积分 $\int_{-\infty}^{+\infty} f(x)\mathrm{d}x$ 发散.

为了书写简便,设 $F'(x) = f(x)$,记 $F(+\infty) = \lim\limits_{x \to +\infty} F(x)$,$F(-\infty) = \lim\limits_{x \to -\infty} F(x)$,则广义积分收敛时可表示为

$$\int_a^{+\infty} f(x)\mathrm{d}x = F(x)\Big|_a^{+\infty} = F(+\infty) - F(a),$$

$$\int_{-\infty}^{+\infty} f(x)\mathrm{d}x = F(x)\Big|_{-\infty}^{+\infty} = F(+\infty) - F(-\infty).$$

例 2 求 $\int_{-\infty}^{+\infty} \dfrac{1}{1+x^2}\mathrm{d}x$.

解 $\int_{-\infty}^{+\infty} \dfrac{1}{1+x^2}\mathrm{d}x = \arctan x\Big|_{-\infty}^{+\infty} = \lim\limits_{x \to +\infty}\arctan x - \lim\limits_{x \to -\infty}\arctan x = \dfrac{\pi}{2} - \left(-\dfrac{\pi}{2}\right) = \pi$.

例 3 讨论无穷限积分 $\int_1^{+\infty} \dfrac{\mathrm{d}x}{x^p}$ 的敛散性.

解 当 $p \neq 1$ 时,有

$$\int_1^{+\infty} \frac{\mathrm{d}x}{x^p} = \frac{1}{1-p}x^{1-p}\Big|_1^{+\infty} = \begin{cases} +\infty, & p < 1, \\ \dfrac{1}{p-1}, & p > 1. \end{cases}$$

当 $p = 1$ 时,有 $\int_1^{+\infty} \dfrac{\mathrm{d}x}{x^p} = \ln x\Big|_1^{+\infty} = +\infty$.

因此,当 $p > 1$ 时,无穷限积分收敛于 $\dfrac{1}{p-1}$;当 $p \leqslant 1$ 时,无穷限积分发散.

无界函数广义积分

例 4 求由曲线 $y = \dfrac{1}{\sqrt{x}}$,直线 $x = 0$,$x = 1$ 与 x 轴围成的"开口曲边梯形"的面积 A,如图 $3-10$.

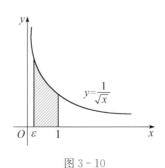

解 由于函数在 $x = 0$ 点处无意义,不能直接使用定积分公式. 现任取 $0 < \varepsilon < 1$,先求出区间 $[\varepsilon,1]$ 上所对应的图形面积

图 $3-10$

$$\int_{\varepsilon}^{1} \frac{1}{\sqrt{x}} \mathrm{d}x = 2\sqrt{x}\,\Big|_{\varepsilon}^{1} = 2 - 2\sqrt{\varepsilon},$$

令 $\varepsilon \to 0^{+}$，便得到所求图形的面积，即

$$A = \int_{0}^{1} \frac{1}{\sqrt{x}} \mathrm{d}x = \lim_{\varepsilon \to 0^{+}} \int_{\varepsilon}^{1} \frac{1}{\sqrt{x}} \mathrm{d}x = \lim_{\varepsilon \to 0^{+}} (2 - 2\sqrt{\varepsilon}) = 2.$$

定义 3　若函数 $f(x)$ 在 $(a,b]$ 上连续，且 $\lim\limits_{x \to a^{+}} f(x) = \infty$，$\varepsilon > 0$，$\lim\limits_{\varepsilon \to 0^{+}} \int_{a+\varepsilon}^{b} f(x)\mathrm{d}x$ 存在，则称无界函数广义积分 $\int_{a}^{b} f(x)\mathrm{d}x$ 收敛，记作

$$\int_{a}^{b} f(x)\mathrm{d}x = \lim_{\varepsilon \to 0^{+}} \int_{a+\varepsilon}^{b} f(x)\mathrm{d}x.$$

否则称该无界函数广义积分 $\int_{a}^{b} f(x)\mathrm{d}x$ 发散.

　　类似地，若函数 $f(x)$ 在 $[a,b)$ 上连续，且 $\lim\limits_{x \to b^{-}} f(x) = \infty$，则可定义无界函数积分 $\int_{a}^{b} f(x)\mathrm{d}x$

为

$$\int_{a}^{b} f(x)\mathrm{d}x = \lim_{\varepsilon \to 0^{+}} \int_{a}^{b-\varepsilon} f(x)\mathrm{d}x.$$

例 5　求积分 $\int_{0}^{1} \ln x\,\mathrm{d}x$.

解　由于 $\lim\limits_{x \to 0^{+}} \ln x = -\infty$，故 $\int_{0}^{1} \ln x\,\mathrm{d}x$ 是一个无界函数广义积分，由定义及应用分部积分法得

$$\int_{0}^{1} \ln x\,\mathrm{d}x = \lim_{\varepsilon \to 0^{+}} \int_{\varepsilon}^{1} \ln x\,\mathrm{d}x = \lim_{\varepsilon \to 0^{+}} (x\ln x)\Big|_{\varepsilon}^{1} - \lim_{\varepsilon \to 0^{+}} \int_{\varepsilon}^{1} x \cdot \frac{1}{x}\mathrm{d}x$$

$$= \lim_{\varepsilon \to 0^{+}} (-\varepsilon\ln\varepsilon) - \lim_{\varepsilon \to 0^{+}} (1-\varepsilon) = 0 - 1 = -1.$$

其中，$\lim\limits_{\varepsilon \to 0^{+}} (-\varepsilon\ln\varepsilon) = 0$ 可由洛必达法则求得.

习题 3-6

求下列广义积分：

(1) $\int_{1}^{+\infty} \mathrm{e}^{-x}\mathrm{d}x$；　　　　　(2) $\int_{0}^{+\infty} \mathrm{e}^{-3x}\mathrm{d}x$；　　　　　(3) $\int_{0}^{+\infty} \cos x\,\mathrm{d}x$；

(4) $\int_{0}^{+\infty} \frac{\mathrm{d}x}{1+x^{2}}$；　　　　(5) $\int_{0}^{1} \frac{\mathrm{d}x}{\sqrt{1-x}}$；　　　　(6) $\int_{0}^{1} \frac{1}{x^{2}}\mathrm{d}x$.

§3-7　定积分的几何应用

平面图形的面积

　　在学习定积分的概念时，我们已经知道由曲线 $y = f(x) > 0$，$y = 0$，$x = a$，$x = b$ 围成的图形面积 A 是一个和式的极限，可表示为定积分

$$A = \int_{a}^{b} f(x)\mathrm{d}x = \lim_{\lambda \to 0} \sum_{i=1}^{n} f(x_{i-1})\Delta x_{i}.$$

　　上述和式的极限中，核心的一步是将小区间 $[x_{i-1}, x_{i}]$ 上的小条形的面积近似地表示成一个微

矩形的面积 $f(x_{i-1})\Delta x$. 现在用$[x,x+\mathrm{d}x]$表示任一小区间$[x_{i-1},x_i]$，并取$x=x_{i-1}$，则区间$[x,x+\mathrm{d}x]$上的小条形的面积就可近似地表示成$f(x)\mathrm{d}x$，如图 3-11，我们称$f(x)\mathrm{d}x$为面积 A 的微元，记作

$$\mathrm{d}A = f(x)\mathrm{d}x.$$

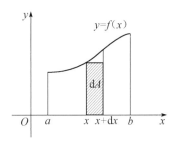

图 3-11

由于$x\in[a,b]$，面积 A 就是区间$[a,b]$上微矩形面积 $f(x)\mathrm{d}x$ 的无穷累加，即

$$A = \int_a^b f(x)\mathrm{d}x.$$

由此可见，在利用定积分求面积时，关键是设法求出区间$[x,x+\mathrm{d}x]$上的面积微元$\mathrm{d}A = f(x)\mathrm{d}x$.

例 1 求由抛物线 $y = x^2$ 和 $y = x$ 围成的图形的面积.

解 作图 3-12，由方程组 $\begin{cases} y = x^2, \\ y = x \end{cases}$ 的解可知，两曲线的交点为 $(0,0)$ 和 $(1,1)$. 取 x 为积分变量，将面积投影至 x 轴，即积分区间为 $[0,1]$. 任取$[x,x+\mathrm{d}x]\subset[0,1]$，分别过点 $x, x+\mathrm{d}x$ 作 x 轴的垂直线，则小条形的面积近似等于高为 $x-x^2$、宽为 $\mathrm{d}x$ 的矩形的面积，即面积 A 的微元表达式为

$$\mathrm{d}A = (x-x^2)\mathrm{d}x,$$

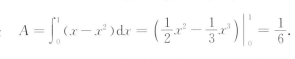

图 3-12

于是 $A = \int_0^1 (x-x^2)\mathrm{d}x = \left(\dfrac{1}{2}x^2 - \dfrac{1}{3}x^3\right)\Big|_0^1 = \dfrac{1}{6}$.

通过例 1 可以看出，利用定积分求面积的步骤通常为：

> (1) 绘图，求出几条曲线的交点；
> (2) 选择积分变量，同时"投影"确定积分变量的变化范围；
> (3) 进行"穿线"，写出面积的微元表达式；
> (4) 计算定积分的值.

例 2 求由曲线 $y=\sqrt{x}$，直线 $y=1, x=0$ 围成的图形的面积.

解 作图 3-13，建立方程组求得三条曲线的交点为 $(0,0)$，$(0,1)$，$(1,1)$. 取 y 为积分变量，将面积投影至 y 轴，$y\in[0,1]$. 任取$[y,y+\mathrm{d}y]\subset[0,1]$，进行"穿线"，则小条形的面积近似等于高为 $\mathrm{d}y$、长为 y^2 的矩形的面积，即面积 A 的微元表达式为

$$\mathrm{d}A = y^2\mathrm{d}y,$$

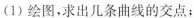

图 3-13

于是 $A = \int_0^1 y^2\mathrm{d}y = \dfrac{1}{3}y^3\Big|_0^1 = \dfrac{1}{3}$.

例 3 求由曲线 $y^2 = x$ 与直线 $y = x-2$ 围成的图形的面积.

解法一 作图 3-14，由方程组 $\begin{cases} y^2 = x, \\ y = x-2 \end{cases}$ 的解可知，两曲线的交点为 $(1,-1)$，$(4,2)$. 取 y 为积分变量，将面积投影至 y 轴，$y\in[-1,2]$. 任取$[y,y+\mathrm{d}y]\subset[-1,2]$，进行"穿线"，则所求面积 A 的微元

$$\mathrm{d}A = [(y+2)-y^2]\mathrm{d}y,$$

于是 $A = \int_{-1}^2 [(y+2)-y^2]\mathrm{d}y = \left(\dfrac{y^2}{2} + 2y - \dfrac{y^3}{3}\right)\Big|_{-1}^2 = \dfrac{9}{2}$.

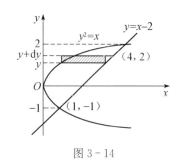

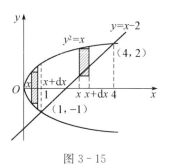

图 3-14 图 3-15

解法二 作图 3-15,由方程组 $\begin{cases} y^2 = x, \\ y = x - 2 \end{cases}$ 的解可知,两曲线的交点为 $(1, -1), (4, 2)$. 取 x 为积分变量,将面积投影至 x 轴,$x \in [0, 4]$. 从这里我们可以看到,若仅通过解方程求两曲线的交点来确定积分区间,就会遗漏部分区间,因此必须采用投影的方法.

任取 $[x, x + \mathrm{d}x] \subset [0, 4]$,进行"穿线",由于垂直线的位置不同,所穿过的"上顶"与"下底"也不同,$x \in (0, 1)$ 时,线段长为 $2\sqrt{x}$;$x \in (1, 4)$ 时,线段长为 $\sqrt{x} - (x - 2)$. 现将所围区域 A 分成 A_1 与 A_2 两部分,积分区间分别为 $[0, 1]$ 与 $[1, 4]$,面积微元分别为

$$\mathrm{d}A_1 = 2\sqrt{x}\,\mathrm{d}x, \mathrm{d}A_2 = [\sqrt{x} - (x - 2)]\mathrm{d}x.$$

因此,所求图形的面积

$$A = A_1 + A_2 = \int_0^1 2\sqrt{x}\,\mathrm{d}x + \int_1^4 [\sqrt{x} - (x - 2)]\mathrm{d}x = 2 \times \frac{2}{3}x^{\frac{3}{2}}\Big|_0^1 + \left[\frac{2}{3}x^{\frac{3}{2}} - \left(\frac{1}{2}x^2 - 2x\right)\right]\Big|_1^4 = \frac{9}{2}.$$

由例 3 可知,在运用定积分求面积时,除了"投影"选定积分区间,"穿线"找出被积函数,还可以让垂直线沿积分区间在所围区域内进行"扫描". 当"上顶"是一个,"下底"是一个时,只需一个定积分即可求出面积;当"上顶"是一个,"下底"是两个时,就需分成两部分,求两个定积分的和;照此类推,一般选取积分变量时应视"扫描"结果,以使"上顶""下底"所遇曲线最少者为佳.

旋转体的体积

由曲线 $y = f(x)$ 与直线 $x = a, x = b, y = 0$ 围成的平面图形绕 x 轴旋转一周,形成一旋转体,如图 3-16,求该旋转体的体积.

选取积分变量 $x \in [a, b]$. 任取 $[x, x + \mathrm{d}x] \subset [a, b]$,分别过点 $x, x + \mathrm{d}x$ 作垂直于 x 轴的平面,则小区间 $[x, x + \mathrm{d}x]$ 上所夹的薄片的体积近似等于以 $f(x)$ 为底面半径、以 $\mathrm{d}x$ 为高的圆柱体的体积,即体积微元 $\mathrm{d}V = \pi[f(x)]^2\mathrm{d}x$. 在区间 $[a, b]$ 上求定积分,即得旋转体的体积公式

$$V = \pi \int_a^b [f(x)]^2 \mathrm{d}x.$$

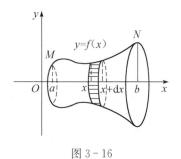

图 3-16 图 3-17

同理,由曲线 $x = \varphi(y), y = c, y = d, x = 0$ 围成的平面图形(如图 3-17),绕 y 轴旋转一周而成的旋转体体积公式为

$$V = \pi \int_c^d \left[\varphi(y)\right]^2 \mathrm{d}y.$$

例 4 求由曲线 $y = x^2, y = 0, x = 1$ 围成的图形绕 x 轴旋转一周而成的旋转体的体积.

解 作图 3-18,建立方程,解得三条曲线的交点为 $(0,0)$,$(1,0)$,$(1,1)$.选取积分变量 x,将面积投影至 x 轴,得积分区间为 $[0,1]$.任取 $[x, x+\mathrm{d}x] \subset [0,1]$,分别过点 $x, x+\mathrm{d}x$ 作垂直于 x 轴的平面,则小区间 $[x, x+\mathrm{d}x]$ 上的薄片的体积近似等于 $\pi x^4 \mathrm{d}x$,即体积微元

$$\mathrm{d}V = \pi x^4 \mathrm{d}x,$$

故

$$V = \pi \int_0^1 x^4 \mathrm{d}x = \frac{\pi}{5} x^5 \bigg|_0^1 = \frac{\pi}{5}.$$

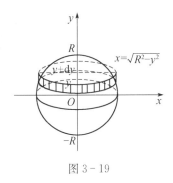

图 3-18

例 5 证明半径为 R 的球的体积 $V = \frac{4}{3}\pi R^3$.

证明 如图 3-19,将球看作以原点为圆心,半径为 R 的右半圆绕 y 轴旋转一周而形成的旋转体.由于 y 轴右侧的半圆在 y 轴上的投影为 $[-R, R]$,所以选定积分变量为 y,积分区间为 $[-R, R]$.由圆方程 $x^2 + y^2 = R^2$ 可得右半圆的曲线方程 $x = f(y) = \sqrt{R^2 - y^2}$,所求体积微元

$$\mathrm{d}V = \pi \left[f(y)\right]^2 \mathrm{d}y = \pi \left(\sqrt{R^2 - y^2}\right)^2 \mathrm{d}y,$$

于是 $V = \pi \int_{-R}^R \left[f(y)\right]^2 \mathrm{d}y = \pi \int_{-R}^R (R^2 - y^2) \mathrm{d}y$

$$= \pi \left(R^2 y - \frac{1}{3} y^3\right) \bigg|_{-R}^R = \frac{4}{3}\pi R^3.$$

图 3-19

 习题 3-7

1. 求由下列曲线围成的平面图形的面积:

    (1) $y = x^4$ 及直线 $y = x$;

    (2) $y = \mathrm{e}^x, y = \mathrm{e}^{-x}$ 与直线 $x = 1$;

    (3) $y = x^2, y = 1$;

    (4) $y = \ln x, y = 0, y = \ln 5, x = 0$.

2. 求由直线 $y = 2x, y = 0, x = 2$ 围成的平面图形绕 x 轴旋转一周而成的旋转体的体积.

3. 求由 $y = \sqrt{x}, x = 1, y = 0$ 围成的图形分别绕 x 轴及 y 轴旋转一周而成的旋转体的体积.

§3-8 定积分的工程应用

变力沿直线做的功

由物理学可知,物体在恒力 F 的作用下,沿力的方向做直线运动,当物体的移动距离为 s 时,F 所

做的功 $W = Fs$. 在实际问题中,常需要计算变力所做的功,此时需要用定积分方法来解决问题.

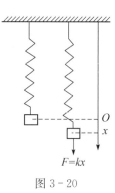

例1 已知一弹簧拉长 0.01 m 要用 9.8 N 的力,求把该弹簧拉长 0.1 m 所做的功.

解 建立坐标系,如图 $3-20$,设弹簧静止点为原点 O,沿着 x 轴方向拉伸.由物理学中的胡克定理可知,在弹性限度内拉伸弹簧所需要的力与弹簧的伸长量 x 成正比,即 $F = kx$(k 为比例系数).根据题意,当 $x = 0.01$ m 时, $F = 9.8$ N,所以 $k = 9.8 \times 10^2$,即 $F = 9.8 \times 10^2 x$.

图 $3-20$

选 x 为积分变量,则积分区间为 $[0, 0.1]$,任取 $[x, x + \mathrm{d}x] \subset [0, 0.1]$,功的微元

$$\mathrm{d}W = 9.8 \times 10^2 x \mathrm{d}x.$$

因此, $W = \int_0^{0.1} 9.8 \times 10^2 x \mathrm{d}x = 9.8 \times 10^2 \times \left. \frac{x^2}{2} \right|_0^{0.1} = 4.9 \text{(J)}.$

例2 底面积为 S 的圆柱形容器中盛有一定量的气体,在等温条件下,由于气体膨胀,容器中的活塞沿圆柱形容器的中心轴由点 a 处推移到点 b 处.计算活塞移动过程中气体压力所做的功.

解 建立坐标系,如图 $3-21$,设活塞静止点为原点 O,活塞沿着 x 轴方向推移.由物理学可知,定量气体在等温状态下,压强 p 与体积 V 成反比,即 $pV = k$(k 为常数),而容器内气体体积 $V = xS$,所以 $p = \frac{k}{xS}$,于是作用在活塞上的力 $F = pS = \frac{k}{xS}S = \frac{k}{x}$.

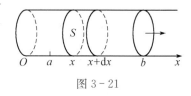

图 $3-21$

选 x 为积分变量,积分区间为 $[a, b]$,任取 $[x, x + \mathrm{d}x] \subset [a, b]$,功 W 的微元

$$\mathrm{d}W = \frac{k}{x} \mathrm{d}x,$$

因此, $W = \int_a^b \frac{k}{x} \mathrm{d}x = k \ln x \Big|_a^b = k \ln \frac{b}{a}.$

例3 一个圆台形水池,上底半径为 2 m,下底半径为 1 m,池深 3 m,水面低于池沿 1 m.现将水从池中抽出,求抽尽水池内的水所做的功.(水的密度 $\rho = 1 \times 10^3 \text{kg/m}^3$, $g = 9.8 \text{ N/kg}$)

解 建立坐标系,如图 $3-22$,则水池的母线方程为 $y = -\frac{1}{3} x + 2$,选取积分变量为 x,积分区间为 $[1, 3]$,任取 $[x, x + \mathrm{d}x] \subset [1, 3]$,质量微元

$$\mathrm{d}M = \rho \pi \left(-\frac{1}{3} x + 2 \right)^2 \mathrm{d}x,$$

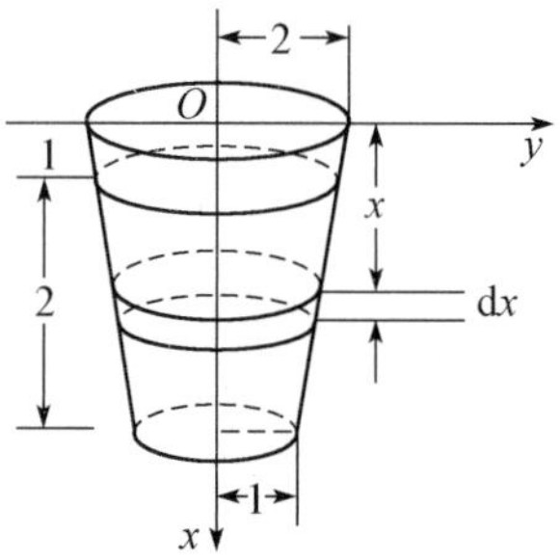

功的微元 $\mathrm{d}W = gx \mathrm{d}M = \rho g \pi \left(-\frac{1}{3} x + 2 \right)^2 x \mathrm{d}x,$

图 $3-22$

因此, $W = \int_1^3 \rho g \pi \left(-\frac{1}{3} x + 2 \right)^2 x \mathrm{d}x = \rho g \pi \int_1^3 \left(\frac{1}{9} x^3 - \frac{4}{3} x^2 + 4x \right) \mathrm{d}x$

$$= \rho g \pi \left(\frac{x^4}{36} - \frac{4}{9} x^3 + 2x^2 \right) \Big|_1^3 = \frac{20}{3} \rho g \pi \text{(J)} \approx 2.05 \times 10^5 \text{(J)}.$$

✎ 液体的静压力

物理学告诉我们,在距液体表面深 h 处的液体压强 $p = \rho g h$,其中 ρ 是液体的密度.当一面积为 S 的平面薄片以与液面平行的角度置于液面下深 h 处时,薄片一侧所受的压力

$$F = pS = \rho g h S.$$

现将该薄片以垂直于液面的角度置入液体中,薄片各处的压强因为所在深度不同而不同,故不能用上述公式计算薄片一侧所受的压力.

例 4 由我国自主研制的蛟龙号载人潜水器长 8.2 m、高 3.4 m、宽 3.0 m,空重质量不超过 22 吨,最大下潜深度为 7000 米,工作范围可覆盖全球海洋区域的 99.8%,目前我国在该领域处于世界领先地位.假设有一个直角梯形的潜水器,上底为 2 m,下底为 1 m,高为 1 m.现将该潜水器垂直放入水中,上底离水面 1 m,求该潜水器一侧受到的水的压力.

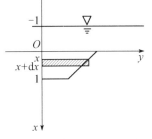
图 3-23

解 建立坐标系,如图 3-23,则梯形腰线方程为 $y = -x + 2$,选取积分变量为 x,则积分区间为 $[0,1]$.任取 $[x, x+\mathrm{d}x] \subset [0,1]$,面积微元 $\mathrm{d}A = (-x+2)\mathrm{d}x$,

所求压力微元 $\mathrm{d}F = \rho g(x+1)\mathrm{d}A = \rho g(x+1)(-x+2)\mathrm{d}x$,

因此 $F = \int_0^1 \rho g(-x^2+x+2)\mathrm{d}x = \rho g \left(-\frac{1}{3}x^3 + \frac{1}{2}x^2 + 2x\right)\Big|_0^1 = \frac{13}{6}\rho g\,(\text{N}).$

✎ 平均值

给出一组离散数据 $y_1, y_2, \cdots, y_n$,它们的算术平均值 $\overline{y} = \frac{1}{n}(y_1 + y_2 + \cdots + y_n)$.在实际问题中,除了计算离散数据的平均值外,有时还需计算一个连续函数 $y = f(x)$ 在区间 $[a,b]$ 上所有值的平均值 $\overline{y}$,如一天的平均温度,一定时段内某电路上的平均电流强度等.

连续函数 $y = f(x)$ 在区间 $[a,b]$ 上一切值的平均值 $\overline{y}$ 的计算公式为

$$\overline{y} = \frac{1}{b-a}\int_a^b f(x)\mathrm{d}x.$$

例 5 设 $f(x) = \begin{cases} \sin x, & 0 \leqslant x \leqslant \pi, \\ 0, & \pi < x \leqslant 2\pi, \end{cases}$ 求 $f(x)$ 在区间 $[0, \pi]$ 上的平均值.

解 由平均值计算公式可知,所求平均值

$$\overline{y} = \frac{1}{2\pi - 0}\int_0^{2\pi} f(x)\mathrm{d}x = \frac{1}{2\pi}\left[\int_0^\pi \sin x\,\mathrm{d}x + \int_\pi^{2\pi} 0\,\mathrm{d}x\right] = \frac{-1}{2\pi}\cos x\Big|_0^\pi = \frac{1}{\pi}.$$

例 6 设通过电阻为 R 的纯电阻电路中的交变电流 $I(t) = I_\text{m}\sin \omega t$,其中 I_m 是电流的最大值,求在一个周期 $T = \dfrac{2\pi}{\omega}$ 内该电路的平均功率 $\overline{P}$.

解 由物理学可知,电路中的电压 $U(t) = I(t)R = I_\text{m}R\sin \omega t$,

功率 $P = U(t)I(t) = I_\text{m}^2 R\sin^2 \omega t$,

因此功率 P 在一个周期 $\left[0, \dfrac{2\pi}{\omega}\right]$ 内的平均值

$$\overline{P} = \frac{1}{\dfrac{2\pi}{\omega} - 0}\int_0^{\frac{2\pi}{\omega}} I_\text{m}^2 R\sin^2 \omega t\,\mathrm{d}t = \frac{I_\text{m}^2 R}{2\pi}\int_0^{\frac{2\pi}{\omega}}\sin^2 \omega t\,\mathrm{d}(\omega t)$$

$$= \frac{I_m^2 R}{4\pi}\left(\omega t - \frac{\sin 2\omega t}{2}\right)\Bigg|_0^{\frac{2\pi}{\omega}} = \frac{I_m^2 R}{2}.$$

通常,电器上标明的功率就是该电器的平均功率.

习题 3 - 8

1. 已知一弹簧拉长 0.02 m 要用 9.8 N 的力,求将该弹簧拉长 0.1 m 所做的功.

2. 设把一金属杆的长度由 a 拉长到 $a+x$ 时,所需的力等于 $\frac{kx}{a}$(其中 k 为常数),试求将该金属杆由长度 a 拉长到 b 所做的功.

3. 已知地球半径 $R = 6370$ km,质量 $M = 5.98 \times 10^{24}$ kg. 现将质量 $m = 173$ kg 的人造卫星由地面发射到 2384 km 的远地点处,求该卫星为克服地球引力所做的功(地球对物体的引力 $f = G\dfrac{mM}{r^2}$,其中 r 为物体与地心间的距离,$G = 6.67 \times 10^{-11}$ N $\cdot$ m^2/kg^2).

4. 设底面半径为 R,高为 H,且顶点在下方的圆锥形容器内盛满水,求吸尽容器内的水所做的功.

5. 形为等腰三角形的薄板垂直沉入水中,其底边与水面齐平.已知薄板的底为 $2b$,高为 h,水的密度为 ρ,求薄板一侧所受的压力.

6. 一矩形闸门垂直立于水中,宽为 10 m,高为 6 m,问:闸门上边界在水面下多少米时,它所受的压力等于上边界与水面相齐时所受压力的两倍?

7. 求函数 $f(x) = 2 + 6x - 3x^2$ 在 $[0,b]$ 上的平均值等于 3 时的 b 的值.

8. 某地在上午 9 点以后的温度可用函数 $T(t) = 50 + 14\sin\dfrac{\pi t}{12}$(°F) 表示,其中 t 的单位是小时,求从上午 9 点到晚上 9 点这段时间内该地的平均温度.

§3 - 9　定积分的经济应用

利用边际求总量

如果已知经济函数 $F(x)$ 的边际函数 $F'(x)$,则利用牛顿-莱布尼茨公式,我们可以求增量函数和总量函数:

$$\int_a^b F'(x)\mathrm{d}x = F(b) - F(a),$$

即
$$F(x) = \int_0^x F'(x)\mathrm{d}x + F(0).$$

因此,有如下函数:

(1) 成本函数 $C(q) = C(0) + \displaystyle\int_0^q C'(q)\mathrm{d}q$;

(2) 收益函数 $R(q) = R(0) + \displaystyle\int_0^q R'(q)\mathrm{d}q$;

(3) 利润函数 $L(q) = L(0) + \displaystyle\int_0^q L'(q)\mathrm{d}q$.

例 1　已知某产品的固定成本 $C(0) = 5$ 万元,边际成本 $C'(q) = q^2 - 4q + 10$(万元),边际收益 $R'(q) = -q + 20$(万元 / 吨),其中 q(吨)为产量,试求产量由 15 吨增加到 18 吨时的成本增量与收益增量.

解 $\Delta C = C(18) - C(15) = \int_{15}^{18} C'(q) \mathrm{d}q = \int_{15}^{18} (q^2 - 4q + 10) \mathrm{d}q$

$$= \left(\frac{1}{3}q^3 - 2q^2 + 10q \right) \Big|_{15}^{18} = 651,$$

$\Delta R = R(18) - R(15) = \int_{15}^{18} R'(q) \mathrm{d}q = \int_{15}^{18} (-q + 20) \mathrm{d}q = \left(-\frac{1}{2}q^2 + 20q \right) \Big|_{15}^{18} = 10.5.$

例2 已知生产机床 q 台的边际成本 $C'(q) = 4 + 0.4q$(万元/台),边际收益 $R'(q) = 16 - 2q$(万元/台).

(1) 若固定成本 $C(0) = 10$ 万元,求成本函数、收益函数、利润函数;

(2) 产量为多少时利润最大?最大利润是多少?

解 (1) 成本函数

$$C(q) = C(0) + \int_0^q C'(q) \mathrm{d}q = 10 + \int_0^q (4 + 0.4q) \mathrm{d}q = 10 + 4q + 0.2q^2,$$

收益函数

$$R(q) = R(0) + \int_0^q R'(q) \mathrm{d}q = \int_0^q (16 - 2q) \mathrm{d}q = 16q - q^2,$$

利润函数

$$L(q) = R(q) - C(q) = -1.2q^2 + 12q - 10;$$

(2) $L'(q) = -2.4q + 12$,令 $L'(q) = 0$,得唯一驻点 $q = 5$,又 $L''(q) = -2.4 < 0$,即产量为 5 台时,利润最大,此时

$$L(5) = -1.2 \times 5^2 + 12 \times 5 - 10 = 20(\text{万元}).$$

例3 已知某产品的边际成本 $C'(q) = 1$(千元/百台),边际收益 $R'(q) = 5 - q$(千元/百台),其中 q(百台)为产量.问:

(1) 产量等于多少时利润最大?

(2) 若在获得最大利润后又多生产了 1000 台,利润有何变化?

解 (1) 设产量为 q(百台)时,利润为 $L(q)$(千元),则 $L(q) = R(q) - C(q)$,因为导数为 0 时函数有最大(小)值,所以 $L'(q) = R'(q) - C'(q) = 0$ 时利润最大. 此时 $R'(q) = C'(q)$,由 $5 - q = 1$ 得 $q = 4$(百台),即产量为 400 台时利润最大;

(2) 利润的增量

$$\Delta L = \int_4^{14} L'(q) \mathrm{d}q = \int_4^{14} [R'(q) - C'(q)] \mathrm{d}q = \left(4q - \frac{1}{2}q^2 \right) \Big|_4^{14} = -50(\text{千元}),$$

即利润减少了 5 万元.

最佳停产时间问题

例4 某公司投资 2000 万元建成一条生产线.投产后,在时刻 t(年)的追加成本和追加收益分别为 $C(t) = 5 + 2t^{\frac{2}{3}}$(百万元/年),$R(t) = 17 - t^{\frac{2}{3}}$(百万元/年).问:该生产线在何时停产可获得最大利润?最大利润是多少?

追加成本是在原有的成本上继续投入的生产费用,追加收益是增加的投资额所带来的收益.

$$\text{追加收益} - \text{追加成本} = \text{追加利润}.$$

追加成本是增函数,追加收益是减函数,这意味着生产费用逐年增加,收益逐年减少,这样发展下

去必有某一时刻,费用与收益持平.过了这一时刻,费用大于收益,再生产公司就会亏损,故应停产.

解　由图 3-24 知,费用与收益持平时,$R(t) = C(t)$.

即 $17 - t^{\frac{2}{3}} = 5 + 2t^{\frac{2}{3}}$,

解得 $t = 8$.

故生产线在投产 8 年时可获得最大利润,其值是

$$L(8) = \int_0^8 [R(t) - C(t)]\mathrm{d}t - 20 = \int_0^8 (12 - 3t^{\frac{2}{3}})\mathrm{d}t - 20$$

$$= \left(12t - \frac{9}{5}t^{\frac{5}{3}}\right)\Big|_0^8 - 20 = 38.4 - 20$$

$$= 18.4(百万元),$$

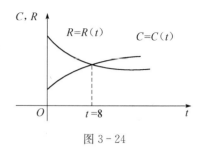

图 3-24

即最大利润是 1840 万元.

习题 3-9

1. 已知某产品产量的边际函数是时间 t(小时)的函数 $f(t) = 2t + 5(t \geqslant 0)$,求从 $t = 2$ 到 $t = 5$ 这三年的产量.

2. 已知某厂生产 x kg 某产品的边际成本 $C'(t) = 3 + \dfrac{20}{\sqrt{x}}$(元 /kg),且固定成本 $C_0 = 1500$ 元,求成本函数.

3. 已知生产某商品 x 单位时,边际收益 $R(x) = 200 - \dfrac{x}{50}$(元 / 单位),试求生产 x 单位时的收益 $R(x)$ 以及平均单位收益 $\bar{R}(x)$,并求生产这种产品 2000 单位时的收益 R 和平均收益 $\bar{R}$.

4. 设某商品每天生产 x 单位时的固定成本为 20000 元,边际成本函数 $C'(x) = 4x + 15$(百元 / 单位),求成本函数 $C(x)$. 如果规定这种商品的销售单价为 5900 元,且产品可以全部售出,求利润函数 $L(x)$. 每天生产多少单位时能获得最大利润?此时最大利润是多少?

5. 某公司投资 2000 万元建成一条生产线. 投产后,在时刻 t(年)的追加成本和追加收益分别为 $C(t) = 10 + 2t^{\frac{1}{2}}$(百万元 / 年),$R(t) = 50 - 6t^{\frac{1}{2}}$(百万元 / 年). 问:该生产线在何时停产可获得最大利润?最大利润是多少?

知识加油站

数学实验(三)

一、实验目的

掌握使用 Mathematica 计算不定积分与定积分.

二、命令说明

计算不定积分与定积分命令 Integrate

(1) 求不定积分时,基本格式:Integrate[f[x],x]

注:积分常数 C 会被省略.

(2) 求定积分时,基本格式:Integrate[f[x],{x,a,b}]

注:其中 a 是积分下限,b 是积分上限.

三、实验例题

例 1 计算不定积分 $\int x^2 \mathrm{d}x$.

解 输入命令:Integrate[x^2,x]

输出结果:$\dfrac{x^3}{3}$

即 $\int x^2 \mathrm{d}x = \dfrac{x^3}{3} + C.$

例 2 计算不定积分 $\int \sec^2 x \mathrm{d}x$.

解 输入命令:Integrate[(Sec[x])^2,x]

输出结果:Tan[x]

即 $\int \sec^2 x \mathrm{d}x = \tan x + C.$

例 3 计算不定积分 $\int \dfrac{(1+x)^2}{\sqrt{x}} \mathrm{d}x$.

解 输入命令:Integrate[(1+x)^2/(x^(1/2)),x]

输出结果:$\dfrac{2}{15}\sqrt{x}(15+10x+3x^2)$

即 $\int \dfrac{(1+x)^2}{\sqrt{x}} \mathrm{d}x = \dfrac{2}{15}\sqrt{x}(15+10x+3x^2) + C.$

例 4 求 $\int_0^1 (x-x^2)\mathrm{d}x$.

解 输入命令:Integrate[x−x^2,{x,0,1}]

输出结果:$\dfrac{1}{6}$

即 $\int_0^1 (x-x^2)\mathrm{d}x = \dfrac{1}{6}.$

例 5　求 $\displaystyle\int_0^4 |x-2|\,\mathrm{d}x$.

解　输入命令：Integrate[Abs[x−2],{x,0,4}]

输出结果：4

即 $\displaystyle\int_0^4 |x-2|\,\mathrm{d}x=4$.

例 6　求 $\displaystyle\int_1^2 \sqrt{4-x^2}\,\mathrm{d}x$.

解　输入命令：Integrate[Sqrt[4−x^2],{x,1,2}]

输出结果：$\dfrac{1}{6}(-3\sqrt{3}+4\pi)$

即 $\displaystyle\int_1^2 \sqrt{4-x^2}\,\mathrm{d}x=\dfrac{1}{6}\times(-3\sqrt{3}+4\pi)$.

四、实验习题

1. 求下列不定积分：

(1) $\displaystyle\int \dfrac{x^2-4x}{x^2-2x-3}\,\mathrm{d}x$;　　　　　　(2) $\displaystyle\int \mathrm{e}^x \sin x\,\mathrm{d}x$.

2. 求下列定积分：

(1) $\displaystyle\int_0^1 (\arcsin x)^3\,\mathrm{d}x$;　　　　　　(2) $\displaystyle\int_0^1 x\,(2-x^2)^{12}\,\mathrm{d}x$.

知识清单

复习题三

1. 利用求导运算验证下列等式：

(1) $\displaystyle\int \dfrac{1}{\sqrt{x^2+1}}\,\mathrm{d}x=\ln(x+\sqrt{x^2+1})+C$;　(2) $\displaystyle\int \sec x\,\mathrm{d}x=\ln|\tan x+\sec x|+C$.

2. 求下列不定积分：

(1) $\displaystyle\int x^2\sqrt[3]{x}\,\mathrm{d}x$;　　　　　　(2) $\displaystyle\int \dfrac{3x^4+2x^2}{x^2+1}\,\mathrm{d}x$;

(3) $\displaystyle\int (3-2x)^3\,\mathrm{d}x$;　　　　　　(4) $\displaystyle\int x\cos x^2\,\mathrm{d}x$;

(5) $\displaystyle\int x\sqrt{1-x^2}\,\mathrm{d}x$;　　　　　(6) $\displaystyle\int \dfrac{1}{a^2+x^2}\,\mathrm{d}x$;

(7) $\displaystyle\int \dfrac{1}{1+\sqrt{2x}}\,\mathrm{d}x$;　　　　　(8) $\displaystyle\int x^2\sqrt{4-x^2}\,\mathrm{d}x$;

(9) $\displaystyle\int \dfrac{1}{\sqrt{a^2+x^2}}\,\mathrm{d}x$;　　　　(10) $\displaystyle\int \dfrac{1}{x\sqrt{x^2-1}}\,\mathrm{d}x$;

(11) $\displaystyle\int x\cos x\,\mathrm{d}x$;　　　　　　(12) $\displaystyle\int x\arctan x\,\mathrm{d}x$;

(13) $\displaystyle\int \dfrac{2x+3}{x^2+3x-10}\,\mathrm{d}x$;　　　(14) $\displaystyle\int \dfrac{x^3+1}{(x^2+1)^2}\,\mathrm{d}x$.

3. 计算下列各导数：

(1) $\dfrac{\mathrm{d}}{\mathrm{d}x}\displaystyle\int_0^{x^2}\sqrt{1+t^2}\,\mathrm{d}t$;　　　　(2) $\dfrac{\mathrm{d}}{\mathrm{d}x}\displaystyle\int_{x^2}^{x^3}\dfrac{\mathrm{d}t}{\sqrt{1+t^4}}$.

4. 求下列定积分：

（1）$\int_4^9 \sqrt{x}(1+\sqrt{x})\mathrm{d}x$；

（2）$\int_0^2 f(x)\mathrm{d}x$，其中 $f(x)=\begin{cases} x+1, & x\leqslant 1, \\ \dfrac{1}{2}x^2, & x>1; \end{cases}$

（3）$\int_{\frac{\pi}{6}}^{\frac{\pi}{2}} \cos^2 x\mathrm{d}x$；

（4）$\int_0^{\sqrt{2}a} \dfrac{x}{\sqrt{3a^2-x^2}}\mathrm{d}x(a>0)$；

（5）$\int_0^{\frac{\pi}{2}} \mathrm{e}^{2x}\cos x\mathrm{d}x$；

（6）$\int_{-5}^5 \dfrac{x^3\sin^2 x}{x^4+2x^2+1}\mathrm{d}x$.

5. 求下列反常积分：

（1）$\int_0^{+\infty} \dfrac{1}{(1+x)(1+x^2)}\mathrm{d}x$；

（2）$\int_1^2 \dfrac{x}{\sqrt{x-1}}\mathrm{d}x$.

6. 定积分的应用：

（1）求由曲线 $y=\ln x$ 与直线 $x=1$，$x=\mathrm{e}$ 围成的图形的面积 A 及其绕 x 轴旋转一周而成的旋转体的体积；

（2）求由 $y=x^3$，$x=2$ 与 $y=0$ 围成的平面图形的面积 A 及其分别绕 x 轴和 y 轴旋转一周而成的旋转体的体积；

（3）求曲线 $y=-x^2+x+2$ 与 y 轴交于点 P，过点 P 作该曲线的切线，求由切线与该曲线 $(x>0)$ 及 x 轴围成的图形绕 x 轴旋转一周而成的旋转体的体积.

第四章 常微分方程

章节导读

在提高公共安全治理水平上,党的二十大报告指出,坚持安全第一、预防为主,建立大安全大应急框架,完善公共安全体系.某山体安全员在一崖顶进行安全勘测,身上只带了具有跑表功能的计算器,安全员想用扔下一块石头听回声的方法来估算出崖顶的高度.如果安全员能准确地测定时间,他该如何估算出崖顶的高度呢?

§4−1 微分方程的概念

微分方程的相关概念

例 1 已知一条曲线上任意一点处的切线的斜率等于该点横坐标的 2 倍,且该曲线通过点 $(1,0)$,求该条曲线的方程.

解 设曲线方程为 $y = f(x)$,且曲线上任意一点的坐标为 (x,y),根据题意及导数的几何意义可得

$$y' = 2x,$$

上式两边积分,得

$$y = x^2 + C \quad (C \text{ 为任意常数}),$$

又因为曲线通过点 $(1,0)$,将 $x = 1, y = 0$ 代入上式,得 $C = -1$,从而所求曲线方程为 $y = x^2 - 1$.

例 2 设列车在平直的轨道上以 20 m/s 的速度行驶.当司机发现前方铁轨上有异物时,立即以加速度 -0.4 m/s² 制动.试问:

(1) 制动后经多长时间列车才能停车?

(2) 自开始制动到停车,列车行驶了多少路程?

解 设制动阶段列车运动规律的函数 $s = s(t)$,由题意可得

$$\frac{\mathrm{d}^2 s}{\mathrm{d}t^2} = -0.4.$$

上式两边积分,得

$$v = \frac{\mathrm{d}s}{\mathrm{d}t} = -0.4t + C_1,$$

上式两边再积分一次,得 $\quad s = -0.2t^2 + C_1 t + C_2$,其中 C_1, C_2 都是任意常数.

未知函数 $s = s(t)$ 还应满足:当 $t = 0$ 时,$s = 0, v = \frac{\mathrm{d}s}{\mathrm{d}t} = 20$.

将 $v|_{t=0} = 20, s|_{t=0} = 0$ 代入上两式,得 $C_1 = 20, C_2 = 0$,

即 $\quad v = -0.4t + 20, \quad s = -0.2t^2 + 20t$.

令 $v = 0$,得到列车从开始制动到完全停住所需的时间 $t = 50(\mathrm{s})$,在这过程中,火车行驶的路程 $s = 500(\mathrm{m})$.

上述两个问题都涉及求解一个函数,使其满足含有未知函数导数的方程.

定义 1 含有未知函数的导数(或微分)的方程,称为**微分方程**.未知函数是一元函数的微分方程称为**常微分方程**,简称微分方程.微分方程中所含未知函数的导数的最高阶数称为该微分方程的**阶**.

例 3 指出下列微分方程的阶:

(1) $y' + y + 3x - 4 = 0$;

(2) $y'' + \dfrac{(y')^2}{x} + \ln x = 0$;

(3) $\mathrm{d}y + \mathrm{e}^x y \mathrm{d}x = 0$;

(4) $x^3 y''' + x^2 y'' - 4xy' = 3x^2$;

(5) $(y'')^2 + y + \sin x = 0$.

解 (1) 一阶;(2) 二阶;(3) 一阶;(4) 三阶;(5) 二阶.

定义 2 满足微分方程的函数称为**微分方程的解**.如果微分方程的解中含有任意的常数,且独立的任意常数的个数与微分方程的阶数相同,这样的解称为**微分方程的通解**.用来确定通解中任意常数的条件,称为**初始条件**.通过初始条件确定任意常数的解,即不含任意常数的解,称为微分方程的满足初始条件的**特解**.

知识讲解:
微分方程的
概念

例 1 中函数 $y = x^2 + C$ 是微分方程 $y' = 2x$ 的通解,$y = x^2 - 1$ 是满足初始条件 $y|_{x=1} = 0$ 的特解.

 可分离变量型微分方程

定义 3 形如

$$\frac{\mathrm{d}y}{\mathrm{d}x} = f(x)g(y)$$

的微分方程称为**可分离变量型微分方程**,其中 $f(x), g(y)$ 分别是关于 x, y 的连续函数.

当 $g(y) \neq 0$ 时,分离变量,得

$$\frac{\mathrm{d}y}{g(y)} = f(x)\mathrm{d}x,$$

上式两边分别对各自的变量积分,得到方程的通解

$$\int \frac{\mathrm{d}y}{g(y)} = \int f(x)\mathrm{d}x + C.$$

例 4 求微分方程 $y' - xy = 0$ 的通解.

解 分离变量,得

$$\frac{\mathrm{d}y}{y} = x\mathrm{d}x,$$

两边积分,得

$$\int \frac{\mathrm{d}y}{y} = \int x\mathrm{d}x,$$

得 $\ln|y| = \dfrac{1}{2}x^2 + C_1$,所以 $y = \pm \mathrm{e}^{C_1} \mathrm{e}^{\frac{x^2}{2}}$.

又因为 $y=0$ 也是方程的解，所以 $y=\pm \mathrm{e}^{C_1} \mathrm{e}^{\frac{x^2}{2}}$ 又可以写为 $y=C\mathrm{e}^{\frac{x^2}{2}}$，$C$ 为任意常数. 以下在取对数时（用 $\ln C$ 代替 C_1），就不再对积分常数 C 进行讨论.

例 5 求微分方程 $x\mathrm{d}y + \mathrm{d}x = y\mathrm{d}x$ 的满足初始条件 $y|_{x=1}=3$ 的特解.

解 分离变量，得

$$\frac{1}{y-1}\mathrm{d}y = \frac{1}{x}\mathrm{d}x,$$

两边积分，得

$$\int \frac{1}{y-1}\mathrm{d}y = \int \frac{1}{x}\mathrm{d}x.$$

得

$$\ln(y-1) = \ln x + \ln C,$$

整理，得

$$y = Cx + 1.$$

将 $y|_{x=1}=3$ 代入，得 $C=2$，故特解为 $y=2x+1$.

拓展知识：
齐次方程

习题 4-1

1. 下列方程中哪些是微分方程？若是微分方程，请指出其阶数.

   (1) $x^2 + y = 2$；   (2) $y'' + 8y = \sin x$；

   (3) $x(y')^2 - 2y^3 + x = 0$；   (4) $(x-1)\mathrm{d}x + (x+y)\mathrm{d}y = 0$.

2. 求下列可分离变量型微分方程的通解：

   (1) $x\mathrm{d}y + y\mathrm{d}x = 0$；   (2) $(y-1)\mathrm{d}x - (xy-y)\mathrm{d}y = 0$；

   (3) $(1+\mathrm{e}^x)yy' = \mathrm{e}^x$；   (4) $y'\sec x = y$.

3. 求下列微分方程的满足初始条件的特解：

   (1) $y' - 2y = 0, y(0) = 1$；   (2) $\dfrac{\mathrm{d}y}{\mathrm{d}x} - y\sin x = 0, y(0) = \mathrm{e}$.

§4-2 一阶线性微分方程

定义 形如

$$\frac{\mathrm{d}y}{\mathrm{d}x} + p(x)y = f(x) \tag{4-1}$$

的微分方程（其中 $p(x)$，$f(x)$ 均是关于 x 的连续函数）称为**一阶线性微分方程**，$f(x)$ 称为**自由项**.

(1) 若 $f(x) \neq 0$，则方程 (4-1) 称为**一阶非齐次线性微分方程**.

(2) 若 $f(x) = 0$，则方程 (4-1) 变为

$$\frac{\mathrm{d}y}{\mathrm{d}x} + p(x)y = 0, \tag{4-2}$$

方程 (4-2) 称为**一阶齐次线性微分方程**.

❀ **一阶齐次线性微分方程的通解**

一阶齐次线性微分方程 (4-2) 是可分离变量的微分方程，分离变量，得

$$\frac{\mathrm{d}y}{y} = -p(x)\mathrm{d}x,$$

两边积分，得 $$\ln y = -\int p(x)\mathrm{d}x + \ln C,$$

化简，得 $$y = Ce^{-\int p(x)\mathrm{d}x}. \tag{4-3}$$

(4-3) 称为一阶齐次线性微分方程(4-2) 的通解.

✼ 一阶非齐次线性微分方程的通解

一阶非齐次线性微分方程(4-1) 与对应的齐次线性微分方程(4-2) 的差异在于自由项. 当 C 为常数时，(4-3) 只能是(4-2) 的通解. 如果 C 是 x 的函数，我们尝试选取适当的函数 $C=u(x)$ 使 $y=u(x)e^{-\int p(x)\mathrm{d}x}$ 能满足非齐次线性微分方程(4-1)，现将 $y=u(x)e^{-\int p(x)\mathrm{d}x}$ 及其一阶导数 $y'=u'(x)e^{-\int p(x)\mathrm{d}x}-p(x)u(x)e^{-\int p(x)\mathrm{d}x}$ 代入方程(4-1)，得

$$u'(x)e^{-\int p(x)\mathrm{d}x}-p(x)u(x)e^{-\int p(x)\mathrm{d}x}+p(x)u(x)e^{-\int p(x)\mathrm{d}x}=f(x),$$

即 $$u'(x)=f(x)e^{\int p(x)\mathrm{d}x},$$

两边积分，得 $$u(x)=\int f(x)e^{\int p(x)\mathrm{d}x}\mathrm{d}x+C.$$

知识讲解：
常数变易法推导通解公式

因此，一阶非齐次线性微分方程(4-1) 的通解为

$$y=e^{-\int p(x)\mathrm{d}x}\left(\int f(x)e^{\int p(x)\mathrm{d}x}\mathrm{d}x+C\right). \tag{4-4}$$

这种把对应的齐次线性微分方程通解中的常数 C 变成待定的函数 $u(x)$，求出通解的方法，称为**常数变易法**. 在求解此类方程时可用常数变易法，也可直接利用(4-4) 式.

例 1 求微分方程 $y'+y\cos x=e^{-\sin x}$ 的通解.

解 该方程是一阶非齐次线性方程，这里 $p(x)=\cos x$，$f(x)=e^{-\sin x}$，

由(4-4) 式得 $$y=e^{-\int\cos x\mathrm{d}x}\left(\int e^{-\sin x}e^{\int\cos x\mathrm{d}x}\mathrm{d}x+C\right)$$
$$=e^{-\sin x}\left(\int\mathrm{d}x+C\right)=e^{-\sin x}(x+C),$$

所以原方程的通解是 $y=e^{-\sin x}(x+C)$.

知识讲解：
常数变易法例题讲解

例 2 求微分方程 $y'+y=x$ 的通解.

解 该方程是一阶非齐次线性方程，这里 $p(x)=1$，$f(x)=x$，

由(4-4) 式得 $$y=e^{-\int\mathrm{d}x}\left(\int xe^{\int\mathrm{d}x}\mathrm{d}x+C\right)$$
$$=e^{-x}\left(\int xe^{x}\mathrm{d}x+C\right)=e^{-x}(xe^{x}-e^{x}+C),$$

所以原方程的通解是 $y=e^{-x}(xe^{x}-e^{x}+C)$.

例 3 求微分方程 $y'+2xy=xe^{-x^2}$ 的通解.

解 先求对应的齐次方程 $y'+2xy=0$ 的通解.

分离变量，得 $$\frac{\mathrm{d}y}{y}=-2x\mathrm{d}x,$$

两边积分，得 $$\ln y=-x^2+\ln C,$$

得到齐次线性微分方程的通解为 $$y=Ce^{-x^2}.$$

变易常数 C，设 $y=u(x)e^{-x^2}$ 是原方程的解，

则有 $$y' = u'(x)\mathrm{e}^{-x^2} - 2xu(x)\mathrm{e}^{-x^2},$$

代入原方程,得 $[u'(x)\mathrm{e}^{-x^2} - 2xu(x)\mathrm{e}^{-x^2}] + 2xu(x)\mathrm{e}^{-x^2} = x\mathrm{e}^{-x^2}$,

即 $$u'(x) = x,$$

两边积分,得 $$u(x) = \frac{x^2}{2} + C,$$

得到原方程的通解为 $$y = \left(\frac{x^2}{2} + C\right)\mathrm{e}^{-x^2}.$$

拓展知识:
伯努利方程

 习题 4-2

1. 求下列微分方程的通解:

(1) $y' + y = \mathrm{e}^{-x}$; (2) $y' + y\sin x = \sin x$;

(3) $y' - \dfrac{1}{x+1}y = \mathrm{e}^x(1+x)$; (4) $y' - \dfrac{2}{x+1}y = (x+1)^3$.

2. 求下列微分方程的满足初始条件的特解:

(1) $y' + 2xy + 2x = 0, y(0) = 2$;

(2) $y' - \dfrac{1}{x+1}y = x^2 + x, y(1) = 1$.

§4-3 二阶常系数齐次线性微分方程

📝 **二阶常系数齐次线性微分方程解的结构**

知识讲解:
二阶常系数
齐次线性微
分方程解的
结构

> **定义1** 形如
> $$y'' + py' + qy = 0 \qquad (4-5)$$
> 的方程,称为**二阶常系数齐次线性微分方程**,其中 p, q 是常数.

> **定理1** 若 $y_1(x)$ 与 $y_2(x)$ 是二阶常系数齐次线性微分方程(4-5)的两个解,则 $y = C_1 y_1(x) + C_2 y_2(x)$ 仍是方程(4-5)的解,其中 C_1, C_2 均为任意常数.

> **定义2** 如果两函数 $y_1(x)$ 与 $y_2(x)$ 满足 $\dfrac{y_1(x)}{y_2(x)} \neq k (k$ 为常数$)$,则称 $y_1(x)$ 与 $y_2(x)$ **线性无关**,否则称 $y_1(x)$ 与 $y_2(x)$ **线性相关**.

例如,$y_1(x) = \mathrm{e}^x$ 与 $y_2(x) = 2\mathrm{e}^x$ 线性相关,而 $y_1(x) = \mathrm{e}^x$ 与 $y_2(x) = \mathrm{e}^{2x}$ 线性无关.

> **定理2(通解结构定理)** 若 $y_1(x)$ 与 $y_2(x)$ 是二阶常系数齐次线性微分方程(4-5)的两个线性无关的解,则 $y = C_1 y_1(x) + C_2 y(x)$ 是该方程的通解,其中 C_1, C_2 为任意常数.

📝 **二阶常系数齐次线性微分方程的解法**

假设 $y = \mathrm{e}^{\lambda x}$($\lambda$ 是待定常数)是微分方程(4-5)的解,将其代入方程(4-5)得

$$e^{\lambda x}(\lambda^2 + p\lambda + q) = 0,$$

因为 $e^{\lambda x} \neq 0$,所以有
$$\lambda^2 + p\lambda + q = 0. \tag{4-6}$$

知识讲解:
三种特征根
下的通解

由此可见,只要 λ 是代数方程 $(4-6)$ 的一个根,那么对应的 $y = e^{\lambda x}$ 就是微分方程 $(4-5)$ 的解.于是微分方程 $(4-5)$ 的求解问题,就转化为求一元二次方程 $(4-6)$ 的根的问题,方程 $(4-6)$ 称为微分方程 $(4-5)$ 的**特征方程**,它的根称为特征方程的**特征根**.

根据特征方程 $\lambda^2 + p\lambda + q = 0$ 特征根的三种情况,下面给出微分方程解的表示式.

1. 当 $p^2 - 4q > 0$ 时,特征方程有两个不相等的实根 λ_1 及 λ_2,此时方程 $(4-5)$ 对应有两个特解:
$y_1 = e^{\lambda_1 x}, y_2 = e^{\lambda_2 x}$.

因为 $\dfrac{y_1}{y_2} = \dfrac{e^{\lambda_1 x}}{e^{\lambda_2 x}} = e^{(\lambda_1 - \lambda_2)x} \neq$ 常数,所以 y_1 与 y_2 线性无关,方程 $(4-5)$ 的通解为

$$y = C_1 e^{\lambda_1 x} + C_2 e^{\lambda_2 x}(C_1, C_2 \text{ 为任意常数}).$$

例 1 求微分方程 $y'' + 4y' - 5y = 0$ 的通解.

解 特征方程为
$$\lambda^2 + 4\lambda - 5 = 0,$$
特征根为
$$\lambda_1 = 1, \lambda_2 = -5,$$
方程的通解为
$$y = C_1 e^x + C_2 e^{-5x}.$$

2. 当 $p^2 - 4q = 0$ 时,特征方程有两个相等的实根 $\lambda_1 = \lambda_2 = \lambda$,这时只得到方程 $(4-5)$ 的一个解 $y_1 = e^{\lambda x}$.还需要找一个与 y_1 线性无关的解 y_2.

为此,设 $\dfrac{y_2}{y_1} = u(x)$,其中 $u(x)$ 为待定函数,则 $y_2 = u(x)y_1 = u(x)e^{\lambda x}$,对 y_2 求导,得

$$y'_2 = e^{\lambda x}(u' + \lambda u), \quad y''_2 = e^{\lambda x}(u'' + 2\lambda u' + \lambda^2 u).$$

将 y_2, y'_2, y''_2 代入方程 $(4-5)$,得

$$e^{\lambda x}[(u'' + 2\lambda u' + \lambda^2 u) + p(u' + \lambda u) + qu] = 0,$$

即
$$[u'' + (2\lambda + p)u' + (\lambda^2 + p\lambda + q)u] = 0.$$

因为 λ 是特征方程的重根,故 $\lambda^2 + p\lambda + q = 0$,且 $2\lambda + p = 0$,于是得 $u'' = 0$.

取满足上述微分方程的最简单的函数 $u = x$,则 $y_2 = xe^{\lambda x}$ 是方程 $(4-5)$ 的一个与 $y_1 = e^{\lambda x}$ 线性无关的解,所以方程 $(4-5)$ 的通解为

$$y = C_1 e^{\lambda x} + C_2 xe^{\lambda x}.$$

例 2 求微分方程 $y'' + 2y' + y = 0$ 的满足初始条件 $y|_{x=0} = 4, y'|_{x=0} = -2$ 的特解.

解 特征方程为
$$\lambda^2 + 2\lambda + 1 = 0,$$
特征根为
$$\lambda_1 = \lambda_2 = -1,$$
方程的通解为
$$y = (C_1 + C_2 x)e^{-x}.$$
将初始条件 $y|_{x=0} = 4, y'|_{x=0} = -2$ 代入上式,得 $C_1 = 4, C_2 = 2$,
原方程的满足初始条件的特解为
$$y = (4 + 2x)e^{-x}.$$

3. 当 $p^2 - 4q < 0$ 时,特征方程有一对共轭复根 $\lambda_1 = \alpha + \beta i, \lambda_2 = \alpha - \beta i$,这时方程 $(4-5)$ 有两个复数形式的解: $y_1 = e^{(\alpha+\beta i)x}, y_2 = e^{(\alpha-\beta i)x}$.

由欧拉(Euler)公式 $e^{ix} = \cos x + i\sin x$ 可得

$$y_1 = e^{\alpha x}(\cos \beta x + i\sin \beta x), y_2 = e^{\alpha x}(\cos \beta x - i\sin \beta x),$$

知识讲解:
共轭复根

于是有 $$\bar{y}_1 = \frac{1}{2}(y_1 + y_2) = e^{\alpha x}\cos\beta x, \bar{y}_2 = \frac{1}{2i}(y_1 - y_2) = e^{\alpha x}\sin\beta x.$$

由定理 1 知,函数 $e^{\alpha x}\cos\beta x$ 与 $e^{\alpha x}\sin\beta x$ 均为方程(4-5)的解,且它们线性无关,因此方程(4-5)的通解为 $$y = e^{\alpha x}(C_1\cos\beta x + C_2\sin\beta x).$$

例 3 求微分方程 $y'' - 2y' + 5y = 0$ 的通解.

解 特征方程为 $$\lambda^2 - 2\lambda + 5 = 0,$$

特征根为 $$\lambda_{1,2} = 1 \pm 2i, 对应的 \alpha = 1, \beta = 2,$$

方程的通解为 $$y = e^x(C_1\cos 2x + C_2\sin 2x).$$

综上所述,求二阶常系数齐次线性微分方程 $y'' + py' + qy = 0$ 的通解步骤如下:

(1) 写出微分方程的特征方程 $\lambda^2 + p\lambda + q = 0$;

(2) 求出特征方程的两个特征根 λ_1, λ_2;

(3) 根据两个根的不同情况,分别写出微分方程(4-5)的通解.

特征根	方程的通解
两个不相等的实根 $\lambda_1 \neq \lambda_2$	$y = C_1 e^{\lambda_1 x} + C_2 e^{\lambda_2 x}$
两个相等的实根 $\lambda = \lambda_1 = \lambda_2$	$y = (C_1 + C_2 x)e^{\lambda x}$
一对共轭复根 $\lambda_{1,2} = \alpha \pm \beta i$	$y = e^{\alpha x}(C_1\cos\beta x + C_2\sin\beta x)$

 习题 4-3

1. 求下列微分方程的通解:

(1) $y'' + 3y' + 2y = 0$;　　　　　　　(2) $y'' - 5y' = 0$;

(3) $y'' - 8y' + 16y = 0$;　　　　　　　(4) $y'' + y' + 2y = 0$.

2. 求下列微分方程的满足初始条件的特解:

(1) $y'' - 4y' + 3y = 0, y(0) = 6, y'(0) = 10$;

(2) $4y'' - 4y' + y = 0, y(0) = 2, y'(0) = 0$;

(3) $y'' - 2y' + 2y = 0, y(0) = 1, y'(0) = 2$.

§4-4　二阶常系数非齐次线性微分方程

✎ 二阶常系数非齐次线性微分方程解的结构

知识讲解:
二阶常系数
非齐次线性
微分方程解
的结构

定义 形如

$$y'' + py' + qy = f(x) \tag{4-7}$$

的方程,称为**二阶常系数非齐次线性微分方程**,其中 p, q 是常数,$f(x)$ 称为**自由项**.

定理 若 y_* 是二阶常系数非齐次线性微分方程(4-7)的一个特解,$Y = C_1 y_1 + C_2 y_2$ 是它所对应的齐次微分方程 $y'' + py' + qy = 0$ 的通解,则 $y = Y + y_*$ 是方程(4-7)的通解.

二阶常系数非齐次线性微分方程的解法

定理给出了求二阶常系数非齐次线性微分方程通解的方法,上节已经介绍了求对应的齐次微分方程通解的方法,因此寻找二阶常系数非齐次线性微分方程的一个特解成了求非齐次微分方程通解的关键.下面针对 $f(x)$ 的特定形式给出特解 y_* 的求法.

✳ $f(x) = P_m(x)e^{ux}$

其中 $P_m(x)$ 是 x 的 m 次多项式,u 是常数.

此时可假设方程(4-7)的特解形式如下(证明略):

$$y_* = x^k Q_m(x) e^{ux}.$$

其中,$Q_m(x)$ 是与 $P_m(x)$ 同次的待定多项式,根据 u 不是特征方程的根、是特征方程的单根、是特征方程的二重根,k 分别取 $0,1,2$.

例 1 求微分方程 $y'' + 2y' - 3y = 2x - 1$ 的通解.

解 特征方程为 $\qquad\qquad\qquad \lambda^2 + 2\lambda - 3 = 0,$

特征根为 $\qquad\qquad\qquad\qquad \lambda_1 = 1, \lambda_2 = -3.$

齐次方程的通解为 $\qquad\qquad Y = C_1 e^x + C_2 e^{-3x},$

由于 $u = 0$ 不是特征方程的根,$k = 0$,

设 $y_* = Ax + B, y_*' = A, y_*'' = 0$,将 y_*, y_*', y_*'' 代入原方程,得

$$-3Ax + 2A - 3B = 2x - 1.$$

比较等号两边 x 同次幂的系数,有 $\begin{cases} -3A = 2, \\ 2A - 3B = -1, \end{cases}$

解得 $\qquad\qquad\qquad\qquad A = -\dfrac{2}{3}, B = -\dfrac{1}{9},$

于是 $\qquad\qquad\qquad\qquad y_* = -\dfrac{2}{3}x - \dfrac{1}{9},$

所以原方程的通解为 $y = Y + y_* = C_1 e^x + C_2 e^{-3x} - \dfrac{2}{3}x - \dfrac{1}{9}.$

知识讲解:
$f(x) = P_m(x)e^{ux}$ 型,
$k = 0$ 时的特解

例 2 求微分方程 $y'' - 5y' + 6y = (2x+1)e^{2x}$ 的通解.

解 特征方程为 $\qquad\qquad\qquad \lambda^2 - 5\lambda + 6 = 0,$

特征根为 $\qquad\qquad\qquad\qquad \lambda_1 = 3, \lambda_2 = 2.$

齐次方程的通解为 $\qquad\qquad Y = C_1 e^{3x} + C_2 e^{2x}.$

由于 $u = 2$ 是特征方程的单根,$k = 1$,

设 $y_* = x(Ax + B)e^{2x}$,

$$y_*' = e^{2x}(2Ax^2 + 2Ax + 2Bx + B),$$

$$y_*'' = e^{2x}(4Ax^2 + 8Ax + 4Bx + 2A + 4B),$$

将 y_*, y_*', y_*'' 代入原方程,得

$$-2Ax + 2A - B = 2x + 1,$$

比较等号两端 x 同次幂的系数,有 $\begin{cases} -2A = 2, \\ 2A - B = 1, \end{cases}$

知识讲解:
$f(x) = P_m(x)e^{ux}$ 型,
$k = 1$ 时的特解

解得 $\qquad A=-1,B=-3,$

于是 $\qquad y_*=-(x^2+3x)\mathrm{e}^{2x},$

所以原方程的通解为 $\qquad y=C_1\mathrm{e}^{2x}+C_2\mathrm{e}^{3x}-(x^2+3x)\mathrm{e}^{2x}.$

例3 求微分方程 $y''+6y'+9y=5\mathrm{e}^{-3x}$ 的通解.

解 特征方程为 $\qquad \lambda^2+6\lambda+9=0,$

特征根为 $\qquad \lambda_1=\lambda_2=-3,$

齐次方程的通解为 $\qquad Y=(C_1+C_2x)\mathrm{e}^{-3x}.$

由于 $u=-3$ 是特征方程的二重根，$k=2,$

设 $y_*=Ax^2\mathrm{e}^{-3x},$

$$y_*'=\mathrm{e}^{-3x}(2Ax-3Ax^2),$$

$$y_*''=\mathrm{e}^{-3x}(-12Ax+9Ax^2+2A).$$

将 y_*,y_*',y_*'' 代入原方程，得

$$(-12Ax+9Ax^2+2A)+6(2Ax-3Ax^2)+9Ax^2=5,$$

比较等号两端 x 同次幂的系数，有 $A=\dfrac{5}{2},$

于是 $\qquad y_*=\dfrac{5}{2}x^2\mathrm{e}^{-3x},$

所以原方程的通解为 $\qquad y=\left(C_1+C_2x+\dfrac{5}{2}x^2\right)\mathrm{e}^{-3x}.$

❋ $f(x)=\mathrm{e}^{\alpha x}(M\cos\beta x+N\sin\beta x)$（其中 M,N,α,β 都为常数）

此时可假设方程（4-7）的特解形式如下：

$y_*=x^k\mathrm{e}^{\alpha x}(A\cos\beta x+B\sin\beta x)$（其中 A,B 是待定系数）.

当 $\alpha\pm\beta\mathrm{i}$ 不是特征根时，$k=0$；当 $\alpha\pm\beta\mathrm{i}$ 是特征根时，$k=1.$

例4 求微分方程 $y''-y=\mathrm{e}^{-x}\cos x$ 的一个特解.

解 特征方程为 $\lambda^2-1=0$，特征根为 $\lambda_{1,2}=\pm1.$

由于 $\alpha\pm\beta\mathrm{i}=-1\pm\mathrm{i}$ 不是特征根，$k=0,$

设特解为 $y_*=\mathrm{e}^{-x}(A\cos x+B\sin x),$

$$y_*'=\mathrm{e}^{-x}(-A\sin x+B\cos x)-\mathrm{e}^{-x}(A\cos x+B\sin x),$$

$$y_*''=\mathrm{e}^{-x}(-A\cos x-B\sin x)-\mathrm{e}^{-x}(-A\sin x+B\cos x)$$

$$-\mathrm{e}^{-x}(-A\sin x+B\cos x)+\mathrm{e}^{-x}(A\cos x+B\sin x).$$

将 y_*,y_*',y_*'' 代入原方程，得 $(2A-B)\sin x-(A+2B)\cos x=\cos x,$

比较等号两边系数，有 $\qquad \begin{cases}2A-B=0,\\ A+2B=-1.\end{cases}$

解得 $\qquad A=-\dfrac{1}{5},B=-\dfrac{2}{5},$

所以原方程的一个特解为 $\qquad y_*=-\dfrac{1}{5}\mathrm{e}^{-x}\cos x-\dfrac{2}{5}\mathrm{e}^{-x}\sin x.$

例5 求 $y''+y=\cos x$ 的满足初始条件 $y(0)=0,y'(0)=1$ 的特解.

解 特征方程为 $\lambda^2+1=0$，特征根为 $\lambda_{1,2}=\pm\mathrm{i}$，对应的齐次微分方程的通解为 $Y=C_1\cos x+$

$C_2\sin x, \alpha \pm \beta i = 0 \pm i$ 是特征根, $k=1$,

设特解为 $y_* = x(A\cos x + B\sin x)$,

$$y_*' = (A+xB)\cos x + (B-Ax)\sin x,$$

$$y_*'' = (2B-xA)\cos x - (2A+Bx)\sin x,$$

将 y_*, y_*', y_*'' 代入原方程,得 $2B\cos x - 2A\sin x = \cos x$,

比较等号两边系数,有
$$\begin{cases} 2B=1, \\ -2A=0. \end{cases}$$

解得
$$A=0, B=\frac{1}{2},$$

所以原方程的一个特解为
$$y_* = \frac{1}{2}x\sin x,$$

原方程的通解为
$$y = C_1\cos x + C_2\sin x + \frac{1}{2}x\sin x,$$

把初始条件代入上式,得
$$C_1=0, C_2=1.$$

满足初始条件的特解为
$$y = \sin x + \frac{1}{2}x\sin x.$$

习题 4 - 4

1. 求下列微分方程的通解:
    (1) $y'' - 6y' + 9y = 2x^2 - x + 3$;   (2) $y'' + y' = 2x^2 - 3$;

    (3) $y'' + y' - 2y = e^{-x}$;   (4) $y'' - 2y' - 3y = (x+1)e^{3x}$.

2. 求下列微分方程的满足初始条件的特解:
    (1) $y'' + 2y' + 2y = xe^{-x}, y(0) = 0, y'(0) = 0$;

    (2) $y'' + y = -2\sin x, y(\pi) = 1, y'(\pi) = 1$.

§4 - 5　微分方程的应用举例

例 1　放射性元素的质量因其不断放射出各种射线而逐渐减少,这种现象称为放射性物质的衰变.放射性物质的衰变速度与现存物质的质量成正比.已知放射性元素镭(^{226}Ra)的初始质量是 m_0,经过 1600 年后其质量变为 $\frac{m_0}{2}$,求衰变过程中镭(^{226}Ra)的质量随时间 t 的变化规律.

解　用 x 表示该放射性物质在时刻 t 的质量,则 $\dfrac{\mathrm{d}x}{\mathrm{d}t}$ 表示放射性物质在时刻 t 的衰变速度,依题意得

$$\frac{\mathrm{d}x}{\mathrm{d}t} = -kx,$$

其中 $k > 0$ 是比例常数,称为衰变常数.方程右端的负号表示当时间 t 增加时质量 x 减少.

初始条件为 $x\big|_{t=0} = m_0, x\big|_{t=1600} = \dfrac{m_0}{2}$.

解得方程的通解为
$$x = Ce^{-kt}.$$

由 $x\big|_{t=0} = m_0$ 得 $C = m_0$,即

$$x = m_0 e^{-kt}.$$

又由 $x\big|_{t=1600}=\dfrac{m_0}{2}$,可得 $k=\dfrac{\ln 2}{1600}$,即

$$x=m_0\mathrm{e}^{-\frac{\ln 2}{1600}t}.$$

放射性物质的质量衰变到原来的一半所花费的时间称为**半衰期**.

例 2 由牛顿冷却定理知道物体在空气中冷却的速率与该物体及空气的温度之差成正比. 设有一瓶热水,水温原来是 $100\,℃$,空气的温度是 $20\,℃$,20 小时后水温降到 $60\,℃$,求水温的变化规律.

解 设瓶内水的温度 θ 与时间 t 之间的函数关系为 $\theta=\theta(t)$,而水的冷却速率为 $\dfrac{\mathrm{d}\theta}{\mathrm{d}t}$.由牛顿冷却定理得

$$\frac{\mathrm{d}\theta}{\mathrm{d}t}=-k(\theta-20),$$

其中 $k>0$ 是比例常数,初始条件为 $\theta\big|_{t=0}=100,\theta\big|_{t=20}=60$,
分离变量并积分,得

$$\int\frac{\mathrm{d}\theta}{\theta-20}=-\int k\mathrm{d}t,$$

方程的通解为 $\theta=C\mathrm{e}^{-kt}+20$.
由 $\theta\big|_{t=0}=100$ 得 $C=80$,即 $\theta=80\mathrm{e}^{-kt}+20$.
又 $\theta\big|_{t=20}=60$,得 $k=\dfrac{\ln 2}{20}$,因此瓶内水的温度 θ 与时间 t 的函数关系为

$$\theta=80\mathrm{e}^{-\frac{\ln 2}{20}t}+20.$$

例 3 加快把人民军队建成世界一流军队,是全面建设社会主义现代化国家的战略要求. 为提高人民军队打赢能力,需全面加强练兵备战. 在军事训练中,伞兵跳离飞机,打开伞包后受到重力与空气阻力的作用,能平稳到达地面.已知伞兵所受到的空气阻力与速度成正比,求伞兵的下降速度与时间的函数关系.

解 设伞兵的下降速度 $v=v(t)$,伞兵在下落时,同时受到重力 $G=mg$ 与阻力 $f=-kv$ 的作用,如图 $4-1$,即

$$F=mg-kv.$$

根据牛顿第二运动定律 $F=ma$(其中 a 为加速度),得函数 $v=v(t)$ 的微分方程为

$$m\frac{\mathrm{d}v}{\mathrm{d}t}=mg-kv.$$

由题意可知初始条件为 $v\big|_{t=0}=0$.

图 $4-1$

将微分方程分离变量后积分,得

$$\int\frac{\mathrm{d}v}{mg-kv}=\int\frac{\mathrm{d}t}{m},$$

得到通解 $v=\dfrac{mg}{k}+C\mathrm{e}^{-\frac{k}{m}t}$.

将初始条件 $v\big|_{t=0}=0$ 代入上式,得 $C=-\dfrac{mg}{k}$.

于是伞兵的下降速度与时间的函数关系为

$$v = \frac{mg}{k}\left(1 - e^{-\frac{k}{m}t}\right).$$

可以看出,随着时间 t 的增大,速度 v 逐渐接近于常数 $\frac{mg}{k}$,且不会超过 $\frac{mg}{k}$,也就是说,跳伞后的开始阶段是加速运动,但之后的运动逐渐接近于匀速运动.

例 4   设有一个由电阻 $R = 3\ \Omega$,电感 $L = 0.5\ H$,电容 $C = 0.25\ F$ 和电源 E 串联而成的电路,简称 $R-L-C$ 串联电路,如图 4-2,已知 $U_c(0) = 2\ V$,$I_L(0) = 1\ A$,求电容电压零输入响应.

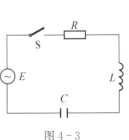

图 4-2

解   设电路中的电流为 $I(t)$,电容器所带的电量为 $Q(t)$,自感电动势为 $U_L(t)$,且

$$I = \frac{dQ}{dt}, U_c = \frac{Q}{C}, U_L = L\frac{dI}{dt}, I = C\frac{dU_c}{dt}.$$

由基尔霍夫电压定律得

$$U_L + U_R + U_c = U_E,$$

其中 $U_L = L\frac{dI}{dt} = LC\frac{d^2U_c}{dt^2}, U_R = RI = RC\frac{dU_c}{dt}.$

可得微分方程 $LC\frac{d^2U_c}{dt^2} + RC\frac{dU_c}{dt} + U_c = U_E,$

零输入响应方程为 $LC\frac{d^2U_c}{dt^2} + RC\frac{dU_c}{dt} + U_c = 0,$

整理,得 $\frac{d^2U_c}{dt^2} + \frac{R}{L}\frac{dU_c}{dt} + \frac{U_c}{LC} = 0,$

把 $R = 3\ \Omega$,$L = 0.5\ H$,$C = 0.25\ F$ 代入上式,得 $\frac{d^2U_c}{dt^2} + 6\frac{dU_c}{dt} + 8U_c = 0,$

解得方程的通解为 $U_c(t) = C_1 e^{-2t} + C_2 e^{-4t}.$

由 $U_c(0) = 2\ V$,$I_L(0) = 1\ A$ 可得 $C_1 = 6$,$C_2 = -4$,即 $U_c = 6e^{-2t} - 4e^{-4t}.$

习题 4-5

1. 已知放射性元素铯(^{137}Cs)的初始质量是 m_0,经过 30 年后其质量变为 $\frac{m_0}{2}$,求衰变过程中铯(^{137}Cs)的质量关于时间 t 的变化规律.

2. 设有一瓶热水,水温原来是 100 ℃,空气的温度是 30 ℃,15 h 后水温降到 70 ℃,求水温的变化规律.

3. 设有一个质量为 100 kg 的物体在距地面 1000 m 的空中落下,其所受空气阻力与速度成正比,比例系数为 k,求这个物体在落下 t 秒时的速度.

4. 设有一个由电阻 $R = 2\ \Omega$,电感 $L = 0.4\ H$,电容 $C = \frac{5}{12}\ F$ 和电源 E 串联而成的电路,简称 $R-L-C$ 串联电路,如图 4-3. 已知 $U_c(0) = 2\ V$,$I_L(0) = 5\ A$,求电容电压零输入响应.

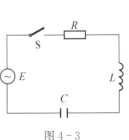

图 4-3

知识加油站

数学实验（四）

一、实验目的

掌握使用 Mathematica 求解微分方程.

二、命令说明

求解微分方程命令 DSolve

（1）通解基本格式：$DSolve[f[x,y,y',y''] == 0,y[x],x]$

注：在上述命令中，一阶导数符号是通过键盘上的单引号输入的，而二阶导数符号则要通过输入两个单引号，不能通过输入一个双引号.

（2）特解基本格式：$DSolve[\{f[x,y,y',y''] == 0,y[a]=c,y[b]=d\},y[x],x]$

注：其中的大括号把方程和初始条件放在一起，a，b，c，d 是常数.

三、实验例题

例 1 求微分方程 $y' + 2xy = xe^{-x^2}$ 的通解.

解 输入命令：$DSolve[y'[x]+2x*y[x] == x*Exp[-x\^2],y[x],x]$

输出结果：$\left\{\left\{y[x] \rightarrow \frac{1}{2}e^{-x^2}x^2 + e^{-x^2}C[1]\right\}\right\}$

其中 C[1] 是任意常数.

即通解为 $y = \frac{1}{2}e^{-x^2}x^2 + Ce^{-x^2}$，其中 C 是任意常数.

例 2 求微分方程 $xy' + y - e^x = 0$ 的满足初始条件 $y|_{x=1} = 2e$ 的特解.

解 输入命令：$DSolve[\{x*y'[x]+y[x]-Exp[x] == 0,y[1] == 2E\},y[x],x]$

输出结果：$\left\{\left\{y[x] \rightarrow \frac{e+e^x}{x}\right\}\right\}$

即特解为 $y = \frac{e+e^x}{x}$.

例 3 求方程 $y'' + 3y' + 2y = 0$ 的通解.

解 输入命令：$DSolve[y''[x]+3y'[x]+2y[x] == 0,y[x],x]$

输出结果：$\{\{y[x] \rightarrow e^{-2x}C[1]+e^{-x}C[2]\}\}$

即通解为 $y = C_1e^{-2x} + C_2e^{-x}$，其中 C_1,C_2 为两个任意常数.

例 4 求微分方程 $y'' + 4y' + 3y = 0$ 的满足初始条件 $y|_{x=0} = 6,y'|_{x=0} = 10$ 的特解.

解 输入命令：$DSolve[\{y''[x]+4y'[x]+3y[x] == 0,y[0] == 6,y'[0] == 10\},y[x],x]$

输出结果：$\{\{y[x] \rightarrow 2e^{-3x}(-4+7e^{2x})\}\}$

即特解为 $y = 2e^{-3x}(-4+7e^{2x})$.

四、实验习题

求下列微分方程的通解或特解：

（1）$xy' - y + x^2 = 0$；

（2）$y' + 2xy + 2x^3 = 0,y(0) = 2$；

(3) $y'' - 6y' + 9y = 0$；

(4) $y'' - 4y' + 4y = 0, y(0) = 1, y'(0) = 4$.

1. 指出下列微分方程的阶数：

(1) $x^2 + (y')^2 = xy'$；

(2) $3y'' + xy' + \sin x = 0$；

(3) $y''' + 2(y')^2 + x^2 y^2 = 0$；

(4) $(x + 2y)\,\mathrm{d}x - (x + y)\mathrm{d}y = 0$.

2. 求下列可分离变量型微分方程的通解或特解：

(1) $3x^2 + 5x - 5y' = 0$；

(2) $xy'\ln x - y = 0$；

(3) $y' = \mathrm{e}^{2x-y}, y(0) = 0$；

(4) $yy' + x\mathrm{e}^y = 0, y(1) = 0$.

3. 求下列一阶线性微分方程的通解或特解：

(1) $y' + 3x^2 y = x\mathrm{e}^{-x^3}$；

(2) $xy' + y = x^2 + 3x + 2$；

(3) $y' - y\tan x = \sec x, y(0) = 0$；

(4) $y' = \dfrac{y}{y - x}, y(1) = 1$.

4. 求下列二阶常系数齐次线性微分方程的通解：

(1) $y'' + 2y' = 0$；

(2) $y'' - 5y' + 6y = 0$；

(3) $4y'' - 20y' + 25y = 0$；

(4) $y'' - 4y' + 5y = 0$.

5. 求下列微分方程的满足初始条件的特解：

(1) $y'' - 3y' - 4y = 0, y(0) = 0, y'(0) = 10$；

(2) $y'' + 4y' + 29y = 0, y(0) = 0, y'(0) = 15$.

6. 求下列微分方程的一个特解：

(1) $y'' + 5y' + 4y = 3 - 2x$；

(2) $y'' + 4y = x\cos x$.

7. 求下列微分方程的通解或满足初始条件的特解：

(1) $y'' + 3y' + 2y = 3x\mathrm{e}^{-x}$；

(2) $y'' - y = 4x\mathrm{e}^x, y(0) = 0, y'(0) = 1$.

第五章　向量代数与空间解析几何

章 节 导 读

习近平总书记在党的二十大报告中指出,加快实现高水平科技自立自强.以国家战略需求为导向,集聚力量进行原创性引领性科技攻关,坚决打赢关键核心技术攻坚战.

"天眼"望星河、"高铁"驰神州、"5G"联天下 …… 不久前,世界知识产权组织发布《全球创新指数 2022》,中国排名从十年前的第34名上升至第11名,连续10年稳步提升.中国已成功进入创新型国家行列,开启了加快实现高水平科技自立自强、建设科技强国的新阶段.

2022 年 11 月 1 日 4 时 27 分,空间站梦天实验舱成功对接于天和核心舱前向端口,它们在数百千米外的太空上演了一场浪漫的"太空之吻".大国科技,征途壮阔而精彩.

航空航天科学技术、生物 3D 打印技术、智能视觉系统这些看似代表最新科学的技术,实则与空间坐标系联系紧密.借助本章学习内容,我们一起来探索科技的奥秘!

§5-1　空间直角坐标系

空间直角坐标系的概念

知识讲解:
空间直角坐标系

过空间中的一个定点 O,作三条以 O 为原点的两两垂直的数轴,依次记为 **x 轴(横轴)、y 轴(纵轴)、z 轴(竖轴)**,统称**坐标轴**,它们的正方向符合右手法则.这样的三条坐标轴建立了**空间直角坐标系** $Oxyz$,点 O 称为**坐标原点**.x 轴、y 轴、z 轴两两相交,可以确定 xOy,yOz,xOz 三个**坐标平面**.这三个坐标平面将空间分成八个部分,每个部分称为一个**卦限**.含有 x 轴、y 轴、z 轴的正半轴的部分称为第一卦限,在平面 xOy 上方的部分按逆时针方向依次确定为第一、二、三、四卦限;在平面 xOy 下方,第一、二、三、四卦限下方的卦限依次确定为第五、六、七、八卦限,这八个卦限分别用字母 Ⅰ、Ⅱ、Ⅲ、Ⅳ、Ⅴ、Ⅵ、Ⅶ、Ⅷ 表示,如图 5-1.

设点 M 是空间中的一点,过点 M 分别作三个与 x 轴、y 轴、z 轴垂直的平面,分别交 x 轴、y 轴、z 轴于点 P,Q,R,这三点在 x 轴、y 轴、z 轴上的坐标分别是 x,y,z,于是 M 唯一对应着一个有序数组 (x,y,z);反之,给定一个有序数组 (x,y,z),在 x 轴、y 轴、z 轴上依次取坐标为 x,y,z 的点 P,Q,R,过这三点分别作垂直于 x 轴、y 轴、z 轴的平面,三个平面有唯一的交点 M,M 就是与有序数组 (x,y,z) 对应的点,如图 5-2.

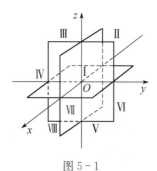

图 5-1

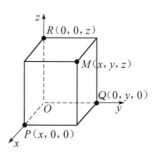

图 5-2

这样，通过空间直角坐标系 $Oxyz$，建立了空间点 M 和有序数组 (x,y,z) 之间的一一对应关系.

数组 (x,y,z) 称为点 M 的**坐标**，记为 $M(x,y,z)$，其中 x,y,z 分别为点 M 的**横坐标**、**纵坐标**和**竖坐标**.

特殊位置的点的坐标：原点 $(0,0,0)$，x 轴上的点 $(x,0,0)$，y 轴上的点 $(0,y,0)$，z 轴上的点 $(0,0,z)$，平面 xOy 上的点 $(x,y,0)$，平面 yOz 上的点 $(0,y,z)$，平面 xOz 上的点 $(x,0,z)$.

各卦限内点的坐标分量的符号：

$$\text{I}(+,+,+), \text{II}(-,+,+), \text{III}(-,-,+), \text{IV}(+,-,+),$$
$$\text{V}(+,+,-), \text{VI}(-,+,-), \text{VII}(-,-,-), \text{VIII}(+,-,-).$$

知识讲解：
点关于坐标平面、坐标轴对称的点的坐标

例 1 求点 $P(1,-4,6)$ 关于各坐标平面、各坐标轴对称的点的坐标.

解 点 $P(1,-4,6)$ 的相关对称点的坐标如下所示：

对称轴（或平面）	平面 xOy	平面 yOz	平面 xOz	x 轴	y 轴	z 轴
对称点	$(1,-4,-6)$	$(-1,-4,6)$	$(1,4,6)$	$(1,4,-6)$	$(-1,-4,-6)$	$(-1,4,6)$

空间内两点间的距离公式与中点公式

$M_1(x_1,y_1,z_1), M_2(x_2,y_2,z_2)$ 为空间内的两个点，过 M_1, M_2 各绘三个分别垂直于三条坐标轴的平面，如图 5-3，这六个平面构成以线段 M_1M_2 为对角线的长方体，由勾股定理得 M_1, M_2 两点间的距离公式：

$$|M_1M_2| = \sqrt{(x_2-x_1)^2 + (y_2-y_1)^2 + (z_2-z_1)^2},$$

且 M_1M_2 的中点坐标为 $\left(\dfrac{x_1+x_2}{2}, \dfrac{y_1+y_2}{2}, \dfrac{z_1+z_2}{2}\right)$.

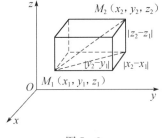

图 5-3

例 2 航天飞行器需要用空间坐标系来导航和定位. 空间坐标系是一个以地心为原点，以地轴为 z 轴建立起来的三维直角坐标系. 在航天飞行中，航天器的位置需要通过测量其与地心的距离和方向来确定其在空间坐标系中的位置. 如何确定空间中两点间的距离呢? 求点 $M_1(2,-1,0), M_2(-1,2,3)$ 之间的距离.

解 $|M_1M_2| = \sqrt{[(-1)-2]^2 + [2-(-1)]^2 + (3-0)^2} = 3\sqrt{3}$.

例 3 求点 $M(2,3,2)$ 到 x 轴的距离.

解 点 M 到 x 轴的距离为 $\sqrt{3^2+2^2} = \sqrt{13}$.

例 4 在 y 轴上求与点 $M_1(1,2,3)$ 和 $M_2(2,3,2)$ 等距离的点的坐标.

解 设所求点 $M(0,y,0)$，由题意可得 $|M_1M|^2 = |M_2M|^2$，

即 $1^2 + (2-y)^2 + 3^2 = 2^2 + (3-y)^2 + 2^2$，求得 $y = \dfrac{3}{2}$，

所求点 M 的坐标为 $\left(0, \dfrac{3}{2}, 0\right)$.

向量的概念与运算

✲ 向量的概念

人们在日常生活中常遇到两类量，一类如温度、距离、体积、质量等，这种只有大小、没有方向的

量称为**标量**,另一类如力、位移、速度、力矩等,既有大小又有方向的量称为**向量**.

以 M_1 为起点、M_2 为终点的有向线段所表示的向量记为 $\overrightarrow{M_1M_2}$,也可用黑体小写字母 a(书写时表示为 $\vec{a}$)表示.

向量的大小称为**向量的模**,向量 $\overrightarrow{M_1M_2}$ 或 a 的模记为 $|\overrightarrow{M_1M_2}|$ 或 $|a|$.特别地,模为 1 的向量 b 称为**单位向量**,记作 b,模为 0 的向量称为**零向量**,记为 **0**,规定零向量的方向为任意方向.

如果向量 a 和 b 的模相等,方向相同,则称这两个**向量相等**,记作 $a = b$.如果向量 a 和 b 的模相等,方向相反,则称这两个向量互为**负向量**,记作 $a = -b$.如果向量 a 和 b 方向相同或相反,则称 a 与 b **平行**,记为 $a \mathbin{/\!/} b$.

❋ 向量的线性运算

1. 向量加减法

设 $a = \overrightarrow{OA}$,$b = \overrightarrow{OB}$,以 a,b 为邻边作平行四边形 $OACB$,如图 5-4,则对角线 OC 所表示的向量称为 a 与 b 的**和向量**,记为 $a + b$.对角线 BA 所表示的向量称为 a 与 b 的**差向量**,记为 $a - b$.因为 $-b$ 是 b 的负向量,所以 $a - b = a + (-b)$.

向量加法也可由三角形法则来定义,如图 5-5.

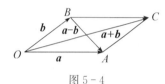

图 5-4   图 5-5

2. 向量与数相乘

实数 λ 与向量 a 的乘积是一个向量,称为 λ 与 a 的**数乘**,记作 λa.规定它的模 $|\lambda a| = |\lambda| |a|$.当 $\lambda > 0$ 时,λa 与 a 同向;当 $\lambda < 0$ 时,λa 与 a 反向;当 $\lambda = 0$ 时,λa 是零向量.

❋ 向量的坐标表示式

起点在坐标原点 O,终点为 $P(x,y,z)$ 的向量 $\overrightarrow{OP}$,称为**点 P 的向径**,记为 $r(P) = \overrightarrow{OP}$,如图 5-6.

在坐标系中分别与 x 轴、y 轴、z 轴正向相同的单位向量称为**基本单位向量**,分别用 i,j,k 表示,则有 $\overrightarrow{OM} = xi$,$\overrightarrow{ON} = yj$,$\overrightarrow{OQ} = zk$,

于是 $\overrightarrow{OP} = \overrightarrow{OM} + \overrightarrow{ON} + \overrightarrow{OQ} = xi + yj + zk$.

上式称为**向径 $\overrightarrow{OP}$ 的坐标表示式**,简记为 $\overrightarrow{OP} = (x,y,z)$.

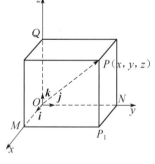

图 5-6

例 5 设起点 $M_1(x_1,y_1,z_1)$,终点 $M_2(x_2,y_2,z_2)$,求向量 $\overrightarrow{M_1M_2}$ 的坐标表示式.

解 $\overrightarrow{M_1M_2} = \overrightarrow{OM_2} - \overrightarrow{OM_1} = (x_2,y_2,z_2) - (x_1,y_1,z_1)$
$= (x_2 - x_1, y_2 - y_1, z_2 - z_1)$.

❋ 坐标表示下的向量运算

设 $a = (a_1,a_2,a_3)$,$b = (b_1,b_2,b_3)$,有

(1) $a \pm b = (a_1 \pm b_1, a_2 \pm b_2, a_3 \pm b_3)$;   (2) $\lambda a = (\lambda a_1, \lambda a_2, \lambda a_3)$;

(3) $a=b \Leftrightarrow a_1=b_1, a_2=b_2, a_3=b_3$; 　　　(4) $|a|=\sqrt{a_1^2+a_2^2+a_3^2}$.

向量的加法及数乘满足以下运算规律:

(1) $a+b=b+a$; 　　　(2) $(a+b)+c=a+(b+c)$;

(3) $\lambda a=a\lambda$; 　　　(4) $\lambda(\mu a)=(\lambda\mu)a=\mu(\lambda a)$;

(5) $(\lambda+\mu)a=\lambda a+\mu a$; 　　　(6) $\lambda(a+b)=\lambda a+\lambda b$.

例 6 已知 $a=(3,5,-1),b=(2,2,3),c=(4,-1,-3)$,求 $2a-3b+4c$.

解 $2a-3b+4c=2(3,5,-1)-3(2,2,3)+4(4,-1,-3)=(16,0,-23)$.

习题 5－1

1. 指出 $A(-2,0,0),B(0,0,4),C(1,-1,0),D(0,2,1)$ 各点在空间直角坐标系中的特殊位置.

2. 已知两点 $P(1,-1,2),Q(-1,2,-4)$,求它们分别在 x 轴、y 轴、z 轴上的垂足的坐标.

3. 在 y 轴上求与点 $A(-4,1,7)$ 和点 $B(3,5,-2)$ 等距离的点的坐标.

4. 已知点 P 为第三卦限中的一点,且它到 x 轴、y 轴、z 轴的距离分别为 $5,3\sqrt{5},2\sqrt{13}$,求点 P 的坐标.

5. 已知 $a=2i+3j+4k,b=3i-j-2k$,求:

 (1) $a+b$; 　　(2) $a-b$; 　　(3) $3a+2b$.

6. 已知点 $A(1,\sqrt{2},4)$,点 $B(2,0,3)$,求向量 $\overrightarrow{AB}$ 的模.

7. 已知向量 $\overrightarrow{AB}=3i-4j+5k$,且点 B 的坐标为 $(1,0,-2)$,求点 A 的坐标.

8. 已知点 $A(3,-2,7)$ 和点 $B(5,0,5)$,求与 $\overrightarrow{AB}$ 同向,且模为 4 的向量 c 的坐标表示式.

§5－2　向量的数量积、向量积

两向量的数量积

❋ 数量积的定义

定义 1　设 a,b 为两个非零向量,其夹角为 θ,乘积 $|a||b|\cos\theta$ 称为向量 a 与 b 的**数量积**,也称为**点积**、**内积**,记为 $a\cdot b$,即 $a\cdot b=|a||b|\cos\theta$.

由数量积的定义可得

(1) $a\cdot a=|a|^2,|a|=\sqrt{a\cdot a}$;

(2) 两个非零向量 a,b 的夹角的余弦 $\cos\theta=\dfrac{a\cdot b}{|a||b|}$;

(3) $a\perp b \Leftrightarrow a\cdot b=0$(其中 $|a|\neq 0,|b|\neq 0$).

❋ 数量积的运算规律

(1) 交换律:$a\cdot b=b\cdot a$.

(2) 结合律:$m(a\cdot b)=(ma)\cdot b=a\cdot(mb)$.

(3) 分配律:$a\cdot(b+c)=a\cdot b+a\cdot c$.

❋ 数量积的坐标表示式

设 $a=a_1i+a_2j+a_3k,b=b_1i+b_2j+b_3k$,

由于 $i \cdot i = 1, j \cdot j = 1, k \cdot k = 1, i \cdot j = 0, j \cdot k = 0, k \cdot i = 0$,

则 $a \cdot b = (a_1 i + a_2 j + a_3 k) \cdot (b_1 i + b_2 j + b_3 k) = a_1 b_1 + a_2 b_2 + a_3 b_3$.

由数量积的坐标表示式可得 a 与 b 的夹角余弦公式:

$$\cos \theta = \frac{a \cdot b}{|a||b|} = \frac{a_1 b_1 + a_2 b_2 + a_3 b_3}{\sqrt{a_1^2 + a_2^2 + a_3^2}\sqrt{b_1^2 + b_2^2 + b_3^2}}.$$

两个非零向量 a 与 b 互相垂直的**充要条件** $a \cdot b = 0$ 可表示为 $a_1 b_1 + a_2 b_2 + a_3 b_3 = 0$.

例 1 (1) 已知 $|a| = 2, |b| = 5$,且两个向量的夹角 $\theta = \dfrac{\pi}{6}$,求 $a \cdot b$;

(2) 已知 $a = (2, 0, -3), b = (-1, 4, -2)$,求 $2a \cdot (a + b)$.

解 (1) $a \cdot b = |a||b|\cos\dfrac{\pi}{6} = 2 \times 5 \times \dfrac{\sqrt{3}}{2} = 5\sqrt{3}$;

(2) $2a \cdot (a + b) = 2(2, 0, -3) \cdot (2 - 1, 0 + 4, -3 - 2) = 2(2, 0, -3) \cdot (1, 4, -5)$
$= 2[2 \times 1 + 0 \times 4 + (-3) \times (-5)] = 34$.

例 2 已知三点 $A(2, 1, -2), B(1, 2, -2), C(1, 1, -1)$,求向量 $\overrightarrow{AB}, \overrightarrow{BC}$ 的数量积及其夹角.

解 $\overrightarrow{AB} = (1 - 2, 2 - 1, -2 - (-2)) = (-1, 1, 0), |\overrightarrow{AB}| = \sqrt{2}, \overrightarrow{BC} = (0, -1, 1), |\overrightarrow{BC}| = \sqrt{2}$,
所以 $\overrightarrow{AB} \cdot \overrightarrow{BC} = (-1) \times 0 + 1 \times (-1) + 0 \times 1 = -1$.

设 $\overrightarrow{AB}$ 与 $\overrightarrow{BC}$ 的夹角为 θ,代入两向量的夹角余弦公式,得

$$\cos \theta = \frac{\overrightarrow{AB} \cdot \overrightarrow{BC}}{|\overrightarrow{AB}||\overrightarrow{BC}|} = \frac{-1}{\sqrt{2} \cdot \sqrt{2}} = -\frac{1}{2}, \ \text{即} \ \theta = \frac{2}{3}\pi.$$

例 3 求在坐标平面 xOy 上与向量 $a = -4i + 3j + 7k$ 垂直的单位向量.

解 因为所求向量在坐标平面 xOy 上,所以设其为 $b = (x, y, 0)$,又因为 a 与 b 垂直,
得 $a \cdot b = -4x + 3y = 0$,

且 b 是单位向量,即 $|b| = \sqrt{x^2 + y^2} = 1$,

可求得 $x = \dfrac{3}{5}, y = \dfrac{4}{5}$ 或 $x = -\dfrac{3}{5}, y = -\dfrac{4}{5}$,

所以所求向量为 $\left(\dfrac{3}{5}, \dfrac{4}{5}, 0\right)$ 或 $\left(-\dfrac{3}{5}, -\dfrac{4}{5}, 0\right)$.

📝 两向量的向量积

✸ 向量积的定义

知识讲解:
向量积

> **定义 2** 若由两个夹角为 θ 的非零向量 a 和 b 所确定的一个向量 c 满足下列条件:
> (1) c 与 a, b 都垂直,其方向由 a 到 b 的右手法则确定;
> (2) c 的模 $|c| = |a||b|\sin\theta$,
> 则称向量 c 为向量 a 与 b 的**向量积**,记为 $c = a \times b$,向量积也称外积或叉积.

注:向量 c 的模 $|c| = |a \times b| = |a||b|\sin(a, b)$ 在几何上表示以 a, b 为两条邻边的平行四边形的面积.

由向量积的定义可得
(1) $a \times a = 0$;

(2) $\boldsymbol{a} \text{//} \boldsymbol{b} \Leftrightarrow \boldsymbol{a} \times \boldsymbol{b} = \boldsymbol{0}$(其中$|\boldsymbol{a}| \neq 0, |\boldsymbol{b}| \neq 0$).

❉ 向量积的运算规律

(1) 反交换律：$\boldsymbol{a} \times \boldsymbol{b} = -\boldsymbol{b} \times \boldsymbol{a}$.

(2) 数乘结合律：$\lambda(\boldsymbol{a} \times \boldsymbol{b}) = (\lambda \boldsymbol{a}) \times \boldsymbol{b} = \boldsymbol{a} \times (\lambda \boldsymbol{b})$.

(3) 分配律：$(\boldsymbol{a} + \boldsymbol{b}) \times \boldsymbol{c} = \boldsymbol{a} \times \boldsymbol{c} + \boldsymbol{b} \times \boldsymbol{c}, \boldsymbol{c} \times (\boldsymbol{a} + \boldsymbol{b}) = \boldsymbol{c} \times \boldsymbol{a} + \boldsymbol{c} \times \boldsymbol{b}$.

❉ 向量积的坐标表示式

设 $\boldsymbol{a} = a_1 \boldsymbol{i} + a_2 \boldsymbol{j} + a_3 \boldsymbol{k}, \boldsymbol{b} = b_1 \boldsymbol{i} + b_2 \boldsymbol{j} + b_3 \boldsymbol{k}$,

由于 $\boldsymbol{i} \times \boldsymbol{i} = \boldsymbol{0}, \boldsymbol{j} \times \boldsymbol{j} = \boldsymbol{0}, \boldsymbol{k} \times \boldsymbol{k} = \boldsymbol{0}, \boldsymbol{i} \times \boldsymbol{j} = \boldsymbol{k}, \boldsymbol{j} \times \boldsymbol{k} = \boldsymbol{i}, \boldsymbol{k} \times \boldsymbol{i} = \boldsymbol{j}$,

则 $\boldsymbol{a} \times \boldsymbol{b} = (a_1 \boldsymbol{i} + a_2 \boldsymbol{j} + a_3 \boldsymbol{k}) \times (b_1 \boldsymbol{i} + b_2 \boldsymbol{j} + b_3 \boldsymbol{k})$

$$= (a_2 b_3 - a_3 b_2)\boldsymbol{i} + (a_3 b_1 - a_1 b_3)\boldsymbol{j} + (a_1 b_2 - a_2 b_1)\boldsymbol{k}.$$

这是两向量向量积的坐标表示式.上式还说明,两个非零向量平行的充要条件 $\boldsymbol{a} \times \boldsymbol{b} = \boldsymbol{0}$ 可转化为对应坐标成比例,即

$$\boldsymbol{a} \text{//} \boldsymbol{b} \Leftrightarrow \frac{a_1}{b_1} = \frac{a_2}{b_2} = \frac{a_3}{b_3} (\text{若分母为} 0, \text{则认为分子也为} 0).$$

拓展知识：数量积与向量积的区别

为便于记忆,引入记号：$\begin{vmatrix} a_1 & a_2 \\ b_1 & b_2 \end{vmatrix} = a_1 b_2 - a_2 b_1$(称二阶行列式) 及

$$\begin{vmatrix} a_1 & a_2 & a_3 \\ b_1 & b_2 & b_3 \\ c_1 & c_2 & c_3 \end{vmatrix} = a_1 \begin{vmatrix} b_2 & b_3 \\ c_2 & c_3 \end{vmatrix} - a_2 \begin{vmatrix} b_1 & b_3 \\ c_1 & c_3 \end{vmatrix} + a_3 \begin{vmatrix} b_1 & b_2 \\ c_1 & c_2 \end{vmatrix} (\text{称三阶行列式}),$$

这样向量积的坐标表示式可写成

$$\boldsymbol{a} \times \boldsymbol{b} = \begin{vmatrix} \boldsymbol{i} & \boldsymbol{j} & \boldsymbol{k} \\ a_1 & a_2 & a_3 \\ b_1 & b_2 & b_3 \end{vmatrix} = \begin{vmatrix} a_2 & a_3 \\ b_2 & b_3 \end{vmatrix} \boldsymbol{i} - \begin{vmatrix} a_1 & a_3 \\ b_1 & b_3 \end{vmatrix} \boldsymbol{j} + \begin{vmatrix} a_1 & a_2 \\ b_1 & b_2 \end{vmatrix} \boldsymbol{k}$$

$$= (a_2 b_3 - a_3 b_2)\boldsymbol{i} - (a_1 b_3 - a_3 b_1)\boldsymbol{j} + (a_1 b_2 - a_2 b_1)\boldsymbol{k}.$$

例 4 已知向量 $\boldsymbol{a} = \boldsymbol{i} + 2\boldsymbol{j} - \boldsymbol{k}, \boldsymbol{b} = -\boldsymbol{i} + \boldsymbol{j} + 4\boldsymbol{k}$,求：

(1) $\boldsymbol{a} \times \boldsymbol{b}$；(2) $(\boldsymbol{a} + 2\boldsymbol{b}) \times (3\boldsymbol{a} - \boldsymbol{b})$.

解 (1) $\boldsymbol{a} \times \boldsymbol{b} = \begin{vmatrix} \boldsymbol{i} & \boldsymbol{j} & \boldsymbol{k} \\ 1 & 2 & -1 \\ -1 & 1 & 4 \end{vmatrix} = \begin{vmatrix} 2 & -1 \\ 1 & 4 \end{vmatrix} \boldsymbol{i} - \begin{vmatrix} 1 & -1 \\ -1 & 4 \end{vmatrix} \boldsymbol{j} + \begin{vmatrix} 1 & 2 \\ -1 & 1 \end{vmatrix} \boldsymbol{k} = 9\boldsymbol{i} - 3\boldsymbol{j} + 3\boldsymbol{k}$；

(2) $(\boldsymbol{a} + 2\boldsymbol{b}) \times (3\boldsymbol{a} - \boldsymbol{b}) = 3\boldsymbol{a} \times \boldsymbol{a} + 6\boldsymbol{b} \times \boldsymbol{a} - \boldsymbol{a} \times \boldsymbol{b} - 2\boldsymbol{b} \times \boldsymbol{b}$

$$= -7\boldsymbol{a} \times \boldsymbol{b} = -63\boldsymbol{i} + 21\boldsymbol{j} - 21\boldsymbol{k}.$$

例 5 求以 $A(1,2,3), B(2,-1,5), C(3,2,-5)$ 为顶点的三角形的面积.

解 由于 $\overrightarrow{AB} = (2-1)\boldsymbol{i} + (-1-2)\boldsymbol{j} + (5-3)\boldsymbol{k} = \boldsymbol{i} - 3\boldsymbol{j} + 2\boldsymbol{k}$,

$\overrightarrow{AC} = (3-1)\boldsymbol{i} + (2-2)\boldsymbol{j} + (-5-3)\boldsymbol{k} = 2\boldsymbol{i} - 8\boldsymbol{k}$,所以

拓展知识：向量垂直与平行的判断方法

$$\overrightarrow{AB} \times \overrightarrow{AC} = \begin{vmatrix} \boldsymbol{i} & \boldsymbol{j} & \boldsymbol{k} \\ 1 & -3 & 2 \\ 2 & 0 & -8 \end{vmatrix} = 24\boldsymbol{i} + 12\boldsymbol{j} + 6\boldsymbol{k},$$

由向量积模的几何意义知 $\triangle ABC$ 的面积

$$S = \frac{1}{2} |\overrightarrow{AB} \times \overrightarrow{AC}| = \frac{1}{2} \sqrt{24^2 + 12^2 + 6^2} = 3\sqrt{21}.$$

习题 5－2

1. 求下列向量的数量积：

(1) $\boldsymbol{a}=(1,-1,0)$，$\boldsymbol{b}=(2,2,-1)$；

(2) $\boldsymbol{a}=(3,1,-4)$，$\boldsymbol{b}=(5,-8,2)$.

2. 求下列向量的向量积：

(1) $\boldsymbol{a}=(3,0,-2)$，$\boldsymbol{b}=(2,2,-1)$；

(2) $\boldsymbol{a}=(5,-2,3)$，$\boldsymbol{b}=(1,-10,4)$.

3. 在 $\triangle ABC$ 中，已知 $\overrightarrow{AB}=(2,1,-2)$，$\overrightarrow{AC}=(3,2,6)$，求 $\angle A$.

4. 已知向量 $\boldsymbol{a}=(1,x,0)$，$\boldsymbol{b}=(0,1,1)$，且 $\boldsymbol{a}$ 与 $\boldsymbol{b}$ 的夹角是 $\frac{2\pi}{3}$，求 x.

5. m 为何值时，向量 $\boldsymbol{a}=(2,3,-2)$ 与 $\boldsymbol{b}=\left(1,\frac{3}{2},m\right)$ 平行？

6. 已知三角形三个顶点的坐标分别是 $A(-1,2,3)$，$B(1,1,1)$，$C(0,0,5)$，求 $\triangle ABC$ 的面积.

§5－3　平面方程与空间直线方程

平面及其方程

平面可以看成满足一定条件的点的集合. 当平面的位置在空间直角坐标系中确定后，平面上任一点的坐标都满足方程 $F(x,y,z)=0$，且坐标满足方程 $F(x,y,z)=0$ 的点都在该平面上，这个方程称为该平面的方程.

知识讲解：平面的点法式方程

✲ 平面的点法式方程

与平面垂直的非零向量 $\boldsymbol{n}=(A,B,C)$ 称为该平面的**法向量**.

如果平面过一定点 $P_0(x_0,y_0,z_0)$，且法向量是 $\boldsymbol{n}=(A,B,C)$，如图 5－7，则在平面上任取一点 $P(x,y,z)$，$\overrightarrow{P_0P}=(x-x_0,y-y_0,z-z_0)$ 必在平面上，且与 $\boldsymbol{n}=(A,B,C)$ 垂直，因此 $\boldsymbol{n}\cdot\overrightarrow{P_0P}=0$，即

$$A(x-x_0)+B(y-y_0)+C(z-z_0)=0.$$

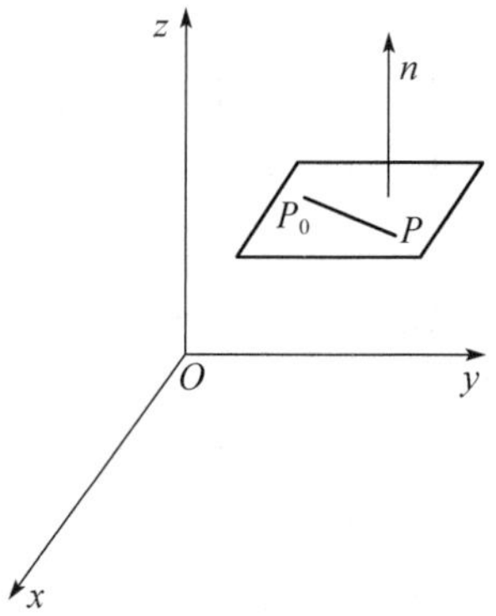

图 5－7

这就是过点 $P_0(x_0,y_0,z_0)$，且法向量是 $\boldsymbol{n}=(A,B,C)$ 的平面的方程. 这样的平面方程称为**平面的点法式方程**.

例 1　已知一平面过点 $M_0(3,-1,7)$ 且垂直于向量 $(4,2,-5)$，求该平面方程.

解　取平面的法向量 $\boldsymbol{n}=(4,2,-5)$，根据平面的点法式方程，得所求平面的方程为

$$4(x-3)+2(y+1)-5(z-7)=0.$$

知识讲解：平面的一般式方程

✲ 平面的一般式方程

由平面的点法式方程 $A(x-x_0)+B(y-y_0)+C(z-z_0)=0$ 得

$$Ax + By + Cz + D = 0,$$

其中 $D = -(Ax_0 + By_0 + Cz_0)$.

方程 $Ax + By + Cz + D = 0$ 称为**平面的一般式方程**.

几种特殊位置的平面方程:

(1) 过原点: $Ax + By + Cz = 0$.

(2) 平行于 x 轴: $By + Cz + D = 0$. 平行于 y 轴: $Ax + Cz + D = 0$.
平行于 z 轴: $Ax + By + D = 0$.

(3) 垂直于 x 轴: $Ax + D = 0$. 垂直于 y 轴: $By + D = 0$. 垂直于 z 轴: $Cz + D = 0$.

✳ 平面的截距式方程

例 2 求过点 $P(a,0,0)$, $Q(0,b,0)$, $R(0,0,c)$ 的平面的方程 $(abc \neq 0)$.

解 设所求平面方程为 $Ax + By + Cz + D = 0$,

点 $P(a,0,0)$, $Q(0,b,0)$, $R(0,0,c)$ 在平面上, 即满足

$$Aa + D = 0, Bb + D = 0, Cc + D = 0,$$

解得 $A = -\dfrac{D}{a}, B = -\dfrac{D}{b}, C = -\dfrac{D}{c}$,

整理, 得所求平面方程:

$$\frac{x}{a} + \frac{y}{b} + \frac{z}{c} = 1.$$

例题拓展

a, b, c 分别称为平面在 x 轴、y 轴、z 轴上的**截距**, 通常把上式称为**平面的截距式方程**.

✳ 两平面间位置的关系

设平面 π_1 和平面 π_2 的方程分别为

$$A_1 x + B_1 y + C_1 z + D_1 = 0, A_2 x + B_2 y + C_2 z + D_2 = 0.$$

它们的法向量分别为 $\boldsymbol{n}_1 = (A_1, B_1, C_1)$, $\boldsymbol{n}_2 = (A_2, B_2, C_2)$.

由向量互相垂直、平行、重合的条件可得

> $\pi_1 \perp \pi_2$ 的充要条件为 $\boldsymbol{n}_1 \cdot \boldsymbol{n}_2 = 0$, 或 $A_1 A_2 + B_1 B_2 + C_1 C_2 = 0$,
>
> $\pi_1 /\!/ \pi_2$ 的充要条件为 $\boldsymbol{n}_1 \times \boldsymbol{n}_2 = \boldsymbol{0}$, 或 $\dfrac{A_1}{A_2} = \dfrac{B_1}{B_2} = \dfrac{C_1}{C_2} \neq \dfrac{D_1}{D_2}$,
>
> π_1 与 π_2 重合的充要条件为 $\dfrac{A_1}{A_2} = \dfrac{B_1}{B_2} = \dfrac{C_1}{C_2} = \dfrac{D_1}{D_2}$.
>
> (上两式中若分母为 0, 则认为分子也为 0)

例 3 求过点 $M(-1, -3, 2)$ 且与平面 $5x - 3y + 2z - 2 = 0$ 平行的平面的方程.

解 所求平面和已知平面平行, 取 $\boldsymbol{n} = (5, -3, 2)$ 为所求平面的法向量, 于是所求平面方程为

$$5(x+1) - 3(y+3) + 2(z-2) = 0.$$

例 4 已知平面 π_1, π_2 的方程分别为 $x - 2y + 5z + 1 = 0$, $-2x + 4y + Cz + 3 = 0$. 问: C 为何值时 $\pi_1 \perp \pi_2$?

解 因为 $\pi_1 \perp \pi_2$, 所以两平面的法向量也垂直, 即 $(1, -2, 5) \cdot (-2, 4, C) = 0$, 得 $C = 2$.

空间直线及其方程

与平面类似,直线也可以看作是满足一定条件的点的集合.当直线在空间直角坐标系中的位置确定之后,可以用其上任一点的坐标所满足的方程来表示该直线,且坐标满足方程的点必定在该直线上,这个方程称为该直线的方程.

❋ 空间直线的一般式方程

我们知道不平行的两个平面会相交于一条直线,如图 5-8,因此该直线可用两个相交平面 π_1, π_2 的方程联立式表示:

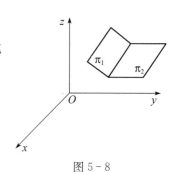

$$\begin{cases} A_1 x + B_1 y + C_1 z + D_1 = 0, \\ A_2 x + B_2 y + C_2 z + D_2 = 0. \end{cases}$$

此方程组为**空间直线的一般式方程**.

图 5-8

例如,方程 $\begin{cases} x = 0, \\ y = 0 \end{cases}$ 及 $\begin{cases} x - y = 0, \\ x + y = 0 \end{cases}$ 均表示与 z 轴重合的直线.

❋ 空间直线的对称式方程

平行于一直线的非零向量 $\boldsymbol{s} = (l, m, n)$ 称为该**直线的方向向量**.

若一直线的方向向量 $\boldsymbol{s} = (l, m, n)$,且该直线过点 $M_0(x_0, y_0, z_0)$,如图 5-9.在该直线上任取一点 $M(x, y, z)$,则向量 $\overrightarrow{M_0 M} = (x - x_0, y - y_0, z - z_0)$ 与 $\boldsymbol{s}$ 平行,所以两向量的对应坐标成比例,从而有

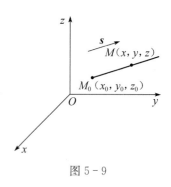

$$\frac{x - x_0}{l} = \frac{y - y_0}{m} = \frac{z - z_0}{n}.$$

图 5-9

知识讲解:
空间直线的
方程

此式称为**直线的对称式方程**.若 l, m, n 中有一个或两个为 0,就认为相应分子也为 0.

例 5 设直线过点 $M_0(1, -2, 1)$ 且平行于向量 $\boldsymbol{s} = (2, 0, -1)$,求其方程.

解 取直线的方向向量 $\boldsymbol{s} = (2, 0, -1)$,根据直线的对称式方程,得所求直线方程为

$$\frac{x - 1}{2} = \frac{y + 2}{0} = \frac{z - 1}{-1}.$$

❋ 空间直线的两点式方程

若一直线过两点 $M_0(x_0, y_0, z_0)$ 和 $M_1(x_1, y_1, z_1)$,取 $\overrightarrow{M_0 M_1}$ 为直线的方向向量,由对称式方程可得

$$\frac{x - x_0}{x_1 - x_0} = \frac{y - y_0}{y_1 - y_0} = \frac{z - z_0}{z_1 - z_0}.$$

此式称为**直线的两点式方程**.

例 6 求过两点 $A(1, -1, 2)$ 和 $B(-1, 0, 2)$ 的直线的方程.

解 由直线的两点式方程得

$$\frac{x-1}{-1-1} = \frac{y+1}{0+1} = \frac{z-2}{2-2},$$

即所求直线方程为 $\quad \dfrac{x-1}{-2} = y+1 = \dfrac{z-2}{0}.$

✽ 空间直线的参数式方程

若令直线的对称式方程为 $\dfrac{x-x_0}{l} = \dfrac{y-y_0}{m} = \dfrac{z-z_0}{n} = t$，则得

$$\begin{cases} x = x_0 + lt, \\ y = y_0 + mt, \quad -\infty < t < +\infty, \text{其中 } t \text{ 为参数}. \\ z = z_0 + nt, \end{cases}$$

此方程称为**直线的参数式方程**.

直线的一般式方程、对称式方程、参数式方程之间可以互相转化.

例 7 把直线的一般式方程 $\begin{cases} 2x - y + 2z + 2 = 0, \\ x + 2y - z + 6 = 0 \end{cases}$ 化为对称式、参数式方程.

例题拓展

解 化为对称式方程：令 $z = 0$，得

$$\begin{cases} 2x - y + 2 = 0, \\ x + 2y + 6 = 0, \end{cases}$$

解得 $x = -2, y = -2$，即 $A(-2, -2, 0)$ 是直线上的一点.

设直线的方向向量为 $\boldsymbol{s}$，又两个平面的法线向量分别为 $\boldsymbol{n}_1 = (2, -1, 2), \boldsymbol{n}_2 = (1, 2, -1)$，因为 $\boldsymbol{s} \perp \boldsymbol{n}_1, \boldsymbol{s} \perp \boldsymbol{n}_2$，可取 $\boldsymbol{s} = \boldsymbol{n}_1 \times \boldsymbol{n}_2$，即

$$\boldsymbol{s} = \begin{vmatrix} \boldsymbol{i} & \boldsymbol{j} & \boldsymbol{k} \\ 2 & -1 & 2 \\ 1 & 2 & -1 \end{vmatrix} = -3\boldsymbol{i} + 4\boldsymbol{j} + 5\boldsymbol{k}.$$

拓展知识：
点到平面、直
线的距离、夹
角

所以直线的对称式方程为

$$\frac{x+2}{-3} = \frac{y+2}{4} = \frac{z}{5}.$$

化为参数式方程：令 $\dfrac{x+2}{-3} = \dfrac{y+2}{4} = \dfrac{z}{5} = t$，得

$$\begin{cases} x = -2 - 3t, \\ y = -2 + 4t, \\ z = 5t. \end{cases}$$

习题 5-3

1. 分别按下列条件求平面方程：

 (1) 过点 $P_0(0, 0, 0)$ 且法向量为 $\boldsymbol{n} = \boldsymbol{i} + \boldsymbol{j} + \boldsymbol{k}$；

 (2) 过三点 $A(2, 3, 0), B(-2, -3, 4), C(0, 6, 0)$；

 (3) x 轴、y 轴、z 轴上的截距分别为 $5, 2, 1$；

 (4) 平行于平面 yOz 且过点 $(6, -2, 0)$；

 (5) 过 x 轴及点 $(1, -1, 2)$.

2. 求过点 $A(-1,2,0)$ 和 $B(1,2,-1)$ 且平行于向量 $\boldsymbol{a}=(0,2,-3)$ 的平面的方程.

3. 求过点 $P(2,-1,1)$ 且垂直于平面 $x-y=0$ 和平面 yOz 的平面的方程.

4. 把直线一般式方程 $\begin{cases} x-2y+z-5=0, \\ 2x-y+4z-4=0 \end{cases}$ 化为对称式方程.

5. 求直线 $\begin{cases} x=3+5t, \\ y=-2+t, \\ z=-1+4t \end{cases}$ 与平面 $x-y+z=0$ 的交点坐标.

6. 求过点 $P(2,-3,-1)$ 且与平面 $x-y-2z+1=0$ 垂直的直线的方程.

§5-4 空间曲面简介

📝 曲面与方程

曲面可以看作是满足一定条件的点的集合,如果曲面 s 上任一点的坐标 (x,y,z) 均满足方程 $F(x,y,z)=0$,且坐标满足方程 $F(x,y,z)=0$ 的点都在曲面 s 上,则称方程 $F(x,y,z)=0$ 为曲面 s 的方程,而曲面 s 就叫作方程 $F(x,y,z)=0$ 的图形.

📝 二次曲面

与平面解析几何中规定的二次曲线相类似,我们把三元二次方程 $F(x,y,z)=0$ 所表示的曲面称为**二次曲面**,而把平面称为**一次曲面**.

深空探索无止境.习近平总书记在党的二十大报告中强调,以国家战略需求为导向,集聚力量进行原创性引领性科技攻关.二次曲面在深空探测器的电波的传输中有着重要的应用,它可以用来聚焦光线或者电磁波.在深空探测中,探测器需要不断向地球发送电波以传输数据,因此需要采用一种较为高效的电波聚焦方式.二次曲面的聚焦技术,可以让深空探测器的电波能够更加精准地向地球传输.电波经过二次曲面反射后被聚焦在一定的区域内,从而提高了电波的传输效率和质量.此外,还可以通过改变二次曲面的形状和大小来调整电波的聚焦效果,以适应不同的深空探测任务.

下面介绍几种常见的二次曲面.

❋ **球面**

球面可以看作到定点的距离为常数的点的集合.

形如 $(x-a)^2+(y-b)^2+(z-c)^2=R^2$ 的方程所表示的是球心在点 $C(a,b,c)$,半径为 R 的**球面**,如图 5-10.

特别地,当球心在原点,即 $(a,b,c)=(0,0,0)$ 时,球面方程为 $x^2+y^2+z^2=R^2$.

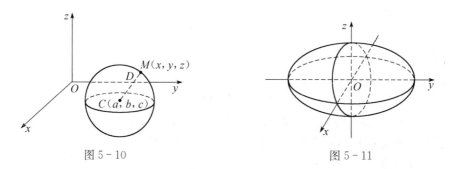

图 5-10   图 5-11

✳ **椭球面**

形如 $\dfrac{x^2}{a^2}+\dfrac{y^2}{b^2}+\dfrac{z^2}{c^2}=1(a>0,b>0,c>0)$ 的方程所表示的曲面称为**椭球面**,如图 5-11.

当 $a=b=c$ 时,椭球面变为球面 $x^2+y^2+z^2=a^2$,球面是椭球面的一种特殊情况.

利用坐标平面或平行于坐标平面的平面去截割曲面,观察其交线(即**截痕**)的形状,综合截痕的变化来了解曲面形状的方法称为**截痕法**.下面,我们用截痕法来讨论这个曲面的形状.

用一组平行于平面 xOy 的平面 $z=k$ 去截割曲面,所得的交线为 $\begin{cases}\dfrac{x^2}{a^2}+\dfrac{y^2}{b^2}=1-\dfrac{k^2}{c^2},\\ z=k.\end{cases}$

(1) 当 $|k|<c$ 时,交线是在平面 $z=k$ 上的椭圆;

(2) 当 $|k|=c$ 时,交线缩成点 $(0,0,c)$ 或 $(0,0,-c)$;

(3) 当 $|k|>c$ 时,平面 $z=k$ 与曲面无交点.

同理,若用平行于平面 yOz 和平面 xOz 的平面去截割曲面,也可以得到类似的结果.

✳ **椭圆抛物面**

形如 $z=\dfrac{x^2}{a^2}+\dfrac{y^2}{b^2}$ 的方程所表示的曲面称为**椭圆抛物面**,如图 5-12.

用 $z=k$ 去截割曲面,交线为 $\begin{cases}\dfrac{x^2}{a^2}+\dfrac{y^2}{b^2}=k,\\ z=k.\end{cases}$

(1) 当 $k>0$ 时,交线为椭圆;

(2) 当 $k=0$ 时,交线缩成点 $(0,0,0)$;

(3) 当 $k<0$ 时,平面 $z=k$ 与曲面无交点.

若用平面 $x=k$ 或 $y=k$ 去截割曲面,交线

$\begin{cases}z=\dfrac{k^2}{a^2}+\dfrac{y^2}{b^2},\\ x=k\end{cases}$ 或 $\begin{cases}z=\dfrac{x^2}{a^2}+\dfrac{k^2}{b^2},\\ y=k\end{cases}$,都是开口向上的抛物线.

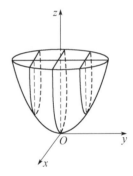

图 5-12

✳ **双曲抛物面(马鞍面)**

形如 $z=\dfrac{x^2}{a^2}-\dfrac{y^2}{b^2}$ 的方程所表示的曲面称为**双曲抛物面**,如图 5-13,因为形状像马鞍,所以又称**马鞍面**.

有关双曲抛物面的截痕曲线,可仿照前述截痕法得到.

✳ **双曲面**

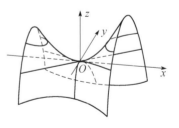

图 5-13

形如 $\dfrac{x^2}{a^2}+\dfrac{y^2}{b^2}-\dfrac{z^2}{c^2}=1$ 的方程所表示的曲面称为**单叶双曲面**,如图 5-14.

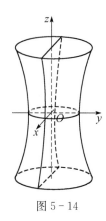

图 5 - 14

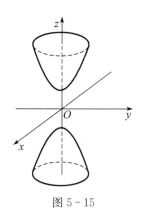

图 5 - 15

形如 $\dfrac{x^2}{a^2}+\dfrac{y^2}{b^2}-\dfrac{z^2}{c^2}=-1$ 的方程所表示的曲面称为**双叶双曲面**,如图 5 - 15.

有关单叶双曲面与双叶双曲面的截痕曲线,也可仿照前述截痕法得到.

❋ 柱面

一动直线沿定曲线 c 平行移动所形成的轨迹叫作**柱面**. 定曲线 c 称为柱面的**准线**,动直线称为柱面的**母线**.

下面只介绍母线平行于坐标轴,准线在坐标平面上的柱面.

形如 $F(x,y)=0$ 的方程表示准线是平面 xOy 上的曲线 c,母线平行于 z 轴的柱面,如图 5 - 16.

同理,缺少 y 的方程 $G(x,z)=0$ 表示母线平行于 y 轴的柱面方程,缺少 x 的方程 $H(y,z)=0$ 表示母线平行于 x 轴的柱面方程.

例 1 说出下列方程在空间直角坐标系中表示的曲面形状,并作出其草图:

(1) $x^2+y^2=1$;

(2) $y^2=2x$;

(3) $\dfrac{y^2}{3}-\dfrac{x^2}{2}=1$.

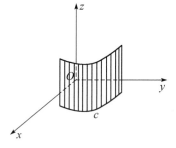

图 5 - 16

解 (1) $x^2+y^2=1$ 中缺 z,该方程在平面 xOy 上表示原点为圆心,半径为 1 的圆,在空间中表示以该圆为准线,母线平行于 z 轴的圆柱面,如图 5 - 17;

(2) $y^2=2x$ 中缺 z,该方程在平面 xOy 上表示抛物线,在空间中表示以该抛物线为准线,母线平行于 z 轴的抛物柱面,如图 5 - 18;

(3) $\dfrac{x^2}{2}-\dfrac{y^2}{3}=-1$ 中缺 z,该方程在平面 xOy 上表示双曲线,在空间中表示以该双曲线为准线,母线平行于 z 轴的双曲柱面,如图 5 - 19.

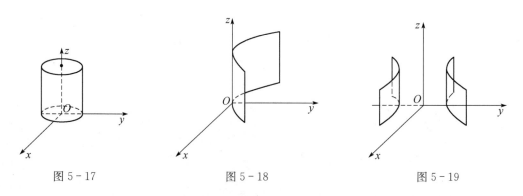

图 5 - 17   图 5 - 18   图 5 - 19

❋ 旋转曲面

一条平面曲线绕所在平面上一条定直线旋转一周而成的曲面称为**旋转曲面**,这条定直线称为旋转曲面的**轴**. 如球面、圆柱面都是旋转曲面.

形如 $f(\pm\sqrt{x^2+y^2},z)=0$ 的方程为平面 yOz 上的曲线 $\begin{cases} f(y,z)=0, \\ x=0 \end{cases}$ 绕 z 轴旋转一周所得的旋转曲面的方程. 也就是说只要将 $f(y,z)=0$ 中的 y 改成 $\pm\sqrt{x^2+y^2}$,便可得到这个旋转曲面的方程 $f(\pm\sqrt{x^2+y^2},z)=0$.

同理,曲线 $\begin{cases} f(y,z)=0, \\ x=0 \end{cases}$ 绕 y 轴旋转一周所得的旋转曲面的方程为 $f(y,\pm\sqrt{x^2+z^2})=0$.

例 2 求平面 yOz 上的抛物线 $y=z^2$ 绕 y 轴旋转一周所得的旋转曲面的方程.

解 令 $z=\pm\sqrt{x^2+z^2}$ 并代入方程 $y=z^2$,得旋转曲面方程为 $y=x^2+z^2$. 此曲面方程表示的图形为旋转抛物面.

例 3 求平面 xOy 上的双曲线 $\dfrac{x^2}{a^2}-\dfrac{y^2}{b^2}=1$ 绕 x 轴旋转一周所得的旋转曲面的方程.

解 令 $y=\pm\sqrt{y^2+z^2}$ 并代入方程 $\dfrac{x^2}{a^2}-\dfrac{y^2}{b^2}=1$,得旋转曲面方程为 $\dfrac{x^2}{a^2}-\dfrac{y^2}{b^2}-\dfrac{z^2}{b^2}=1$.

此曲面方程表示的图形为双叶旋转双曲面.

例 4 求平面 xOz 上的直线 $z=x$ 绕 z 轴旋转一周所得的旋转曲面的方程.

解 令 $x=\pm\sqrt{x^2+y^2}$ 并代入方程 $z=x$,得旋转曲面方程为 $x^2+y^2-z^2=0$, 此曲面方程表示的图形为圆锥面.

🎓 **习题 5-4**

1. 指出下列方程表示的曲面的形状：

(1) $x^2+y^2+2z^2-1=0$;　　　　(2) $x^2-y^2-1=0$;

(3) $x^2+y^2+z^2-4=0$;　　　　(4) $z^2=2y$;

(5) $3x^2-y^2-z^2-2=0$;　　　　(6) $-x^2-y^2+z^2=-1$.

2. 求球面 $x^2+y^2+z^2-2x=0$ 的球心和半径.

3. 建立下列曲面的方程：

(1) 以 $\begin{cases} 1-z=y^2, \\ x=0 \end{cases}$ 为定曲线,绕 z 轴旋转一周而成的曲面；

(2) 以 $\begin{cases} x^2+z^2=3, \\ x=0 \end{cases}$ 为定曲线,分别绕 x 轴、z 轴旋转一周而成的曲面.

数学实验（五）

一、实验目的

1. 掌握使用 Mathematica 求向量的数量积、向量积.
2. 掌握使用 Mathematica 画曲面.

二、命令说明

1. 求两个向量的数量积命令：Dot

函数格式：Dot[a,b]

注：a,b 为两个向量.

2. 求两个向量的向量积命令：Cross

函数格式：Cross[a,b]

3. 三维作图函数：Plot3D

函数格式：Plot3D[z[x,y],{x,xmin,xmax},{y,ymin,ymax}]

注：z[x,y] 为 x,y 的二元函数，{x,xmin,xmax} 和 {y,ymin,ymax} 分别指出了 x 和 y 从小到大的范围.

三、实验例题

例1 设向量 $\boldsymbol{a} = (1,-1,2), \boldsymbol{b} = (2,3,-4)$，计算 $2\boldsymbol{a}, \boldsymbol{a}+\boldsymbol{b}, \boldsymbol{a}-3\boldsymbol{b}, \boldsymbol{a} \cdot \boldsymbol{b}, \boldsymbol{a} \times \boldsymbol{b}$.

解 输入命令：a = (1,-1,2)

b = (2,3,-4)

2a

a+b

a-3b

Dot[a,b]

Cross[a,b]

输出结果：$(1,-1,2)$

$(2,3,-4)$

$(2,-2,4)$

$(3,2,-2)$

$(-5,-10,14)$

-9

$(-2,8,5)$

即 $2\boldsymbol{a} = (2,-2,4)$，

$\boldsymbol{a}+\boldsymbol{b} = (3,2,-2)$，

$\boldsymbol{a}-3\boldsymbol{b} = (-5,-10,14)$，

$\boldsymbol{a} \cdot \boldsymbol{b} = -9$，

$\boldsymbol{a} \times \boldsymbol{b} = (-2,8,5)$.

例 2　画出平面 $3x + 2y - z - 1 = 0$ 的图形.

解　输入命令：$z[x\_, y\_] := 3x + 2y - 1$

　　　　　　　　$\text{Plot3D}[z[x, y], \{x, 0, 1\}, \{y, 0, 1\}]$

　　　输出结果：

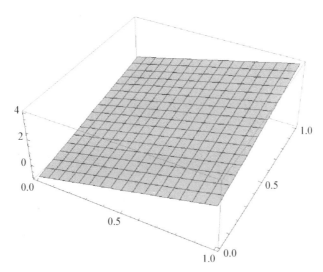

例 3　画出曲面 $z = 2x^2 - y^2$ 的图形.

解　输入命令：$z[x\_, y\_] := 2x^{\wedge}2 - y^{\wedge}2$

　　　　　　　　$\text{Plot3D}[z[x, y], \{x, -10, 10\}, \{y, -10, 10\}]$

　　　输出结果：

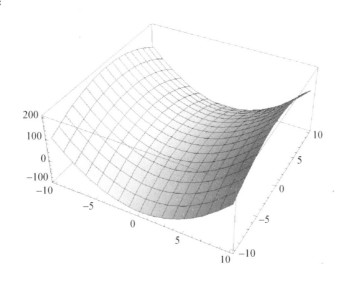

四、实验习题

1. 设向量 $\boldsymbol{a} = (5, 1, -2), \boldsymbol{b} = (-2, 3, 0)$，计算 $4\boldsymbol{a}, \boldsymbol{a} - \boldsymbol{b}, 2\boldsymbol{a} + 3\boldsymbol{b}, \boldsymbol{a} \cdot \boldsymbol{b}, \boldsymbol{a} \times \boldsymbol{b}$.

2. 画出平面 $x + y - z + 3 = 0$ 的图形.

3. 画出曲面 $z = 2x^2 + 3y^2$ 的图形.

复习题五

1. 求点 $M(4, -3, 5)$ 到各坐标轴的距离.

知识清单

2. 已知$M_1(1,-1,2)$，$M_2(3,3,1)$和$M_3(3,1,3)$，求与$\overrightarrow{M_1M_2}$，$\overrightarrow{M_2M_3}$同时垂直的单位向量.

3. 求向量$\boldsymbol{a}=(4,-3,4)$在向量$\boldsymbol{b}=(2,2,1)$上的投影.

4. 求点$P(3,7,5)$关于平面$2x-6y+3z+42=0$对称的点P'的坐标.

5. 求过三点$M_1(2,-1,4)$，$M_2(-1,3,-2)$，$M_3(0,2,3)$的平面的方程.

6. 一平面通过两点$M_1(1,1,1)$和$M_2(0,1,-1)$且垂直于平面$x+y+z=0$，求它的方程.

7. 一平面通过点$(1,0,-1)$且平行于向量$\boldsymbol{a}=\{2,1,1\}$和$\boldsymbol{b}=\{1,-1,0\}$，试求这个平面的方程.

8. 求通过z轴和点$(-3,1,-2)$的平面的方程.

9. 求点$(1,2,1)$到平面$x+2y+2z-10=0$的距离.

10. 求平面$2x+y-z-1=0$与平面$2x+y-z+3=0$之间的距离.

11. 求与两平面$x-4z=3$和$2x-y-5z=1$的交线平行且过点$(-3,2,5)$的直线的方程.

12. 求过点$(2,0,-3)$且与直线$\begin{cases} x-2y+4z-7=0, \\ 3x+5y-2z+1=0 \end{cases}$垂直的平面的方程.

13. 求点$P(3,-1,2)$到直线$\begin{cases} x+y-z+1=0, \\ 2x-y+z-4=0 \end{cases}$的距离.

14. 过点$A(2,-1,3)$作平面$x-2y-2z+11=0$的垂线，求垂线的方程及垂足的坐标.

附录一　预备知识

一、希腊字母表

希腊字母	英文读音	希腊字母	英文读音	希腊字母	英文读音
A　α	alpha	I　ι	iota	P　ρ	rho
B　β	beta	K　κ	kappa	Σ　σ	sigma
Γ　γ	gamma	Λ　λ	lambda	T　τ	tau
Δ　δ	delta	M　μ	mu	Υ　υ	upsilon
E　ε	epsilon	N　ν	nu	Φ　φ	phi
Z　ζ	zeta	Ξ　ξ	xi	X　χ	chi
H　η	eta	O　o	omicron	Ψ　ψ	psi
Θ　θ	theta	Π　π	pi	Ω　ω	omega

二、初等数学中的基本公式

1. 代数

（1）**绝对值**　①定义：$|a| = \begin{cases} a, & a \geq 0; \\ -a, & a < 0. \end{cases}$

②性质：

$|a| = |-a|.$

$|ab| = |a||b|.$

$\left|\dfrac{a}{b}\right| = \dfrac{|a|}{|b|}, b \neq 0.$

$|a| \leq A$，相当于 $-A \leq a \leq A.$

$|a \pm b| \leq |a| + |b|.$

$|a \pm b| \geq |a| - |b|.$

（2）**指数**　$a^m \cdot a^n = a^{m+n}, \dfrac{a^m}{a^n} = a^{m-n}, (a^m)^n = a^{mn},$

$(ab)^m = a^m b^m, a^{\frac{m}{n}} = \sqrt[n]{a^m} = (\sqrt[n]{a})^m,$

$a^{-m} = \dfrac{1}{a^m}, a^0 = 1(a \neq 0).$

（3）**对数**　零与负数没有对数. 设 $a > 0, a \neq 1$，则

$\log_a xy = \log_a x + \log_a y, \log_a \dfrac{x}{y} = \log_a x - \log_a y,$

$\log_a x^m = m\log_a x, \log_a x = \dfrac{\log_b x}{\log_b a}(b > 0, b \neq 1),$

$\log_a 1 = 0, \log_a a = 1,$

$$a^{\log_a x} = x.$$

(4) **阶乘**　$n! = 1 \cdot 2 \cdot 3 \cdots (n-1) \cdot n.$

　　半阶乘　$(2n-1)!! = 1 \cdot 3 \cdot 5 \cdots (2n-1).$

　　　　　　$(2n)!! = 2 \cdot 4 \cdot 6 \cdots (2n).$

(5) **二项式定理**

$$(a+b)^n = a^n + na^{n-1}b + \frac{n(n-1)}{2!}a^{n-2}b^2 + \cdots + \frac{n(n-1)\cdots(n-k+1)}{k!}a^{n-k}b^k + \cdots + b^n.$$

(6) **两数 n 次方的和与差**

① 无论 n 为奇数或偶数,

$$a^n - b^n = (a-b)(a^{n-1} + a^{n-2}b + \cdots + ab^{n-2} + b^{n-1}).$$

② 当 n 为偶数时,

$$a^n - b^n = (a+b)(a^{n-1} - a^{n-2}b + \cdots + ab^{n-2} - b^{n-1}).$$

③ 当 n 为奇数时,

$$a^n + b^n = (a+b)(a^{n-1} - a^{n-2}b + \cdots - ab^{n-2} + b^{n-1}).$$

(7) **级数和**

① $a + aq + aq^2 + \cdots + aq^{n-1} = \dfrac{a(1-q^n)}{1-q}, \ |q| \neq 1.$

② $1 + 2 + 3 + \cdots + n = \dfrac{1}{2}n(n+1).$

③ $1^2 + 2^2 + 3^2 + \cdots + n^2 = \dfrac{1}{6}n(n+1)(2n+1).$

④ $1^3 + 2^3 + 3^3 + \cdots + n^3 = \left[\dfrac{1}{2}n(n+1)\right]^2.$

⑤ $1 + 3 + 5 + \cdots + (2n-1) = n^2.$

2. 几何

(1) **圆**　周长 $C = 2\pi r$,面积 $S = \pi r^2.$

(2) **扇形**　面积 $S = \dfrac{1}{2}r^2\alpha$,$\alpha$ 为扇形的圆心角,以弧度计.

(3) **平行四边形**　面积 $S = bh$,b 为下底长,h 为高.

(4) **梯形**　面积 $S = \dfrac{1}{2}(b_1 + b_2)h$,$b_1$ 与 b_2 分别为上底与下底的长,h 为高.

(5) **棱柱体(或圆柱体)**　体积 $V = Sh$,S 为下底面积,h 为高.

　　正圆柱　侧面积 $L = 2\pi rh$,全面积 $T = 2\pi r(r+h).$

(6) **棱锥体(或圆锥体)**　体积 $V = \dfrac{1}{3}Sh$,S 为下底面积,h 为高.

　　正圆锥体　侧面积 $L = \pi rl$,全面积 $T = \pi r(r+l)$,l 为母线,r 为底圆的半径.

(7) **棱台**　体积 $V = \dfrac{h}{3}(S_1 + \sqrt{S_1 S_2} + S_2)$,$S_1$ 与 S_2 分别为上底与下底的面积,h 为高.

(8) **圆台**　体积 $V = \dfrac{1}{3}\pi h(R^2 + Rr + r^2)$,侧面积 $L = \pi l(R+r)$,R 与 r 分别为上、下底圆的半径,h 为高,l 为母线.

(9) **球**　体积 $V = \dfrac{4}{3}\pi R^3$,表面积 $L = 4\pi R^2$,R 为球的半径.

3. 三角形

(1) 度与弧度

$$1 \text{度} = \frac{\pi}{180} \text{弧度,或} 1 \text{弧度} = \frac{180}{\pi} \text{度.}$$

(2) 平方关系 $\quad \sin^2 x + \cos^2 x = 1, 1 + \tan^2 x = \sec^2 x, 1 + \cot^2 x = \csc^2 x.$

(3) $x \pm y$ 的三角函数

$$\sin(x \pm y) = \sin x \cos y \pm \cos x \sin y.$$

$$\cos(x \pm y) = \cos x \cos y \mp \sin x \sin y.$$

$$\tan(x \pm y) = \frac{\tan x \pm \tan y}{1 \mp \tan x \tan y}.$$

(4) 二倍角公式

$$\sin 2x = 2\sin x \cos x,$$

$$\cos 2x = \cos^2 x - \sin^2 x = 2\cos^2 x - 1 = 1 - 2\sin^2 x,$$

$$\tan 2x = \frac{2\tan x}{1 - \tan^2 x}.$$

(5) 半角公式

$$\sin \frac{x}{2} = \pm \sqrt{\frac{1 - \cos x}{2}},$$

$$\cos \frac{x}{2} = \pm \sqrt{\frac{1 + \cos x}{2}},$$

$$\tan \frac{x}{2} = \pm \sqrt{\frac{1 - \cos x}{1 + \cos x}} = \frac{\sin x}{1 + \cos x} = \frac{1 - \cos x}{\sin x}.$$

(6) 和或差化为积

$$\sin x + \sin y = 2\sin \frac{x+y}{2} \cos \frac{x-y}{2},$$

$$\sin x - \sin y = 2\cos \frac{x+y}{2} \sin \frac{x-y}{2},$$

$$\cos x + \cos y = 2\cos \frac{x+y}{2} \cos \frac{x-y}{2},$$

$$\cos x - \cos y = -2\sin \frac{x+y}{2} \sin \frac{x-y}{2}.$$

(7) 积化为和或差

$$2\sin x \cos y = \sin(x+y) + \sin(x-y),$$

$$2\cos x \sin y = \sin(x+y) - \sin(x-y),$$

$$2\cos x \cos y = \cos(x+y) + \cos(x-y),$$

$$2\sin x \sin y = \cos(x-y) - \cos(x+y).$$

(8) 三角形边角关系和三角形的面积

A, B, C 为三角形的内角,a, b, c 分别为它们的对边,R 为三角形外接圆的半径.

① 正弦定理:

$$\frac{a}{\sin A} = \frac{b}{\sin B} = \frac{c}{\sin C} = 2R.$$

② 余弦定理:

$$a^2 = b^2 + c^2 - 2bc\cos A,$$

$$b^2 = c^2 + a^2 - 2ca \cos B,$$
$$c^2 = a^2 + b^2 - 2ab \cos C.$$

③ 三角形面积：

$$S = \frac{1}{2}bc \sin A,$$

$$S = \frac{\frac{1}{2}a^2 \sin B \sin C}{\sin(B+C)},$$

$$S = \sqrt{p(p-a)(p-b)(p-c)}，\text{其中 } p = \frac{1}{2}(a+b+c).$$

（9）反三角函数的特殊值

x	0	$\frac{1}{2}$	$\frac{\sqrt{2}}{2}$	$\frac{\sqrt{3}}{2}$	1	$-\frac{1}{2}$	$-\frac{\sqrt{2}}{2}$	$-\frac{\sqrt{3}}{2}$	-1
$\arcsin x$	0	$\frac{\pi}{6}$	$\frac{\pi}{4}$	$\frac{\pi}{3}$	$\frac{\pi}{2}$	$-\frac{\pi}{6}$	$-\frac{\pi}{4}$	$-\frac{\pi}{3}$	$-\frac{\pi}{2}$
$\arccos x$	$\frac{\pi}{2}$	$\frac{\pi}{3}$	$\frac{\pi}{4}$	$\frac{\pi}{6}$	0	$\frac{2\pi}{3}$	$\frac{3\pi}{4}$	$\frac{5\pi}{6}$	π
x	0	$\frac{\sqrt{3}}{3}$	1	$\sqrt{3}$	$+\infty$	$-\frac{\sqrt{3}}{3}$	-1	$-\sqrt{3}$	$-\infty$
$\arctan x$	0	$\frac{\pi}{6}$	$\frac{\pi}{4}$	$\frac{\pi}{3}$	$\frac{\pi}{2}$	$-\frac{\pi}{6}$	$-\frac{\pi}{4}$	$-\frac{\pi}{3}$	$-\frac{\pi}{2}$
$\text{arccot } x$	$\frac{\pi}{2}$	$\frac{\pi}{3}$	$\frac{\pi}{4}$	$\frac{\pi}{6}$	0	$\frac{5\pi}{6}$	$\frac{3\pi}{4}$	$\frac{2\pi}{3}$	π

4. 平面解析几何

（1）**距离、斜率、分点坐标**

两点 $P_1(x_1, y_1)$ 与 $P_2(x_2, y_2)$ 之间的距离 $d = \sqrt{(x_2-x_1)^2 + (y_2-y_1)^2}$，

线段 P_1P_2 的斜率 $k = \dfrac{y_2-y_1}{x_2-x_1}$.

设 $\dfrac{P_1P}{PP_2} = \lambda$，则分点 $P(x, y)$ 的坐标为

$$x = \frac{x_1 + \lambda x_2}{1+\lambda}, y = \frac{y_1 + \lambda y_2}{1+\lambda}.$$

（2）**直线方程**

① 点斜式：$y - y_1 = k(x - x_1)$.

② 斜截式：$y = kx + b$.

③ 两点式：$\dfrac{y-y_1}{y_2-y_1} = \dfrac{x-x_1}{x_2-x_1}$.

④ 截距式：$\dfrac{x}{a} + \dfrac{y}{b} = 1$.

（3）**两直线的夹角**　设两直线的斜率分别为 k_1 与 k_2，夹角为 θ，则

$$\tan\theta = \left|\frac{k_1 - k_2}{1 + k_1 k_2}\right|.$$

（4）**点 $P_1(x_1, y_1)$ 到直线 $Ax + By + C = 0$ 的距离**

$$d = \frac{|Ax_1 + By_1 + C|}{\sqrt{A^2 + B^2}}.$$

（5）**直角坐标与极坐标之间的关系**

$$x = \rho\cos\theta, y = \rho\sin\theta; \rho = \sqrt{x^2 + y^2}, \theta = \arctan\frac{y}{x}.$$

（6）**圆的方程**　$(x-a)^2 + (y-b)^2 = r^2$，圆心 (a,b)，半径 r.

（7）**抛物线**　方程 $y^2 = 2px$，焦点 $\left(\dfrac{p}{2}, 0\right)$，

准线 $x = -\dfrac{p}{2}$.

方程 $x^2 = 2py$，焦点 $\left(0, \dfrac{p}{2}\right)$，

准线 $y = -\dfrac{p}{2}$.

（8）**椭圆**　方程 $\dfrac{x^2}{a^2} + \dfrac{y^2}{b^2} = 1 (a > b)$，焦点在 x 轴上.

（9）**双曲线**　方程 $\dfrac{x^2}{a^2} - \dfrac{y^2}{b^2} = 1$，焦点在 x 轴上.

（10）**等轴双曲线**　方程 $xy = k (k$ 为常数$)$.

（11）**圆锥曲线的极坐标方程**　$\rho = \dfrac{p}{1 - e\cos\theta}$，$e$ 为离心率，当 $e = 1$ 时，该曲线为抛物线；当 $e < 1$ 时，该曲线为椭圆；当 $e > 1$ 时，该曲线为双曲线.

（12）**一般二元二次方程**

$$Ax^2 + 2Bxy + Cy^2 + 2Dx + 2Ey + F = 0.$$

$\Delta = B^2 - AC$	一般情形	特殊情形
$\Delta < 0$	椭圆	一点或没有图形
$\Delta > 0$	双曲线	两条相交直线
$\Delta = 0$	抛物线	两平行直线或两重合直线或没有图形

三、一些常见的曲线图形

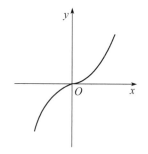

立方抛物线

$y = x^3$

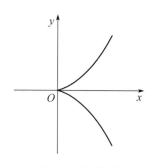

半立方抛物线

$y^2 = ax^3 \ (a > 0)$

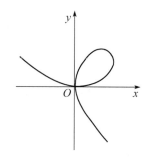

笛卡儿叶形线

$x^3 + y^3 - 3axy = 0 \ (a > 0),$

$x = \dfrac{3at}{1+t^3}, y = \dfrac{3at^2}{1+t^3}$

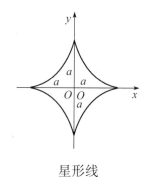

星形线

$x^{\frac{2}{3}} + y^{\frac{2}{3}} = a^{\frac{2}{3}},$

$x = a\cos^3 t, y = a\sin^3 t \ (a > 0)$

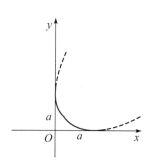

抛物线

$\sqrt{x} + \sqrt{y} = \sqrt{a} \ (a > 0)$

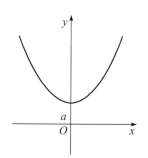

悬链线

$y = a\,\text{ch}\,\dfrac{x}{a} = \dfrac{a}{2}(e^{\frac{x}{a}} + e^{-\frac{x}{a}}) \ (a > 0)$

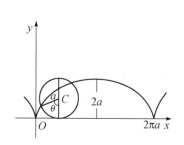

摆线

$x = a(\theta - \sin\theta),$

$y = a(1 - \cos\theta) \ (a > 0)$

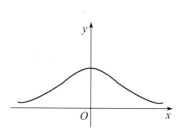

高斯曲线

$y = e^{-x^2}$

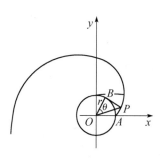

圆的渐伸线

$x = r\cos\theta + r\theta\sin\theta,$

$y = r\sin\theta + r\theta\cos\theta$

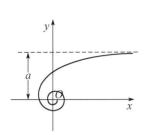

双曲螺线或倒数螺线

$$\rho\theta = a \ (a > 0)$$

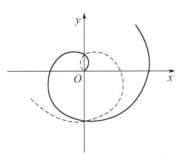

阿基米德螺线

$$\rho = a\theta \ (a > 0)$$

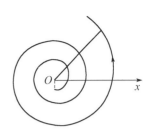

对数螺线或等角螺线

$$\rho = e^{a\theta} \ (a > 0)$$

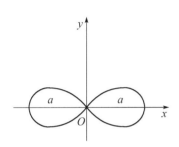

双纽线

$$\rho^2 = a^2\cos 2\theta \ (a > 0)$$

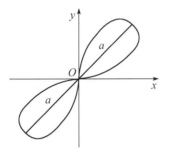

两瓣玫瑰线（双纽线）

$$\rho^2 = a^2\sin 2\theta \ (a > 0)$$

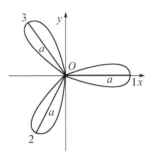

三瓣玫瑰线

$$\rho = a\cos 3\theta \ (a > 0)$$

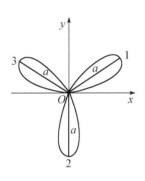

三瓣玫瑰线

$$\rho = a\sin 3\theta \ (a > 0)$$

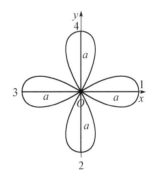

四瓣玫瑰线

$$\rho = a\cos 2\theta \ (a > 0)$$

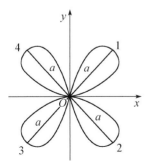

四瓣玫瑰线

$$\rho = a\sin 2\theta \ (a > 0)$$

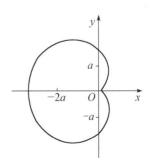

心形线

$$\rho = a(1 - \cos\theta) \ (a > 0)$$

附录二 简易积分表

一、含有 $a+bx$ 的积分

1. $\displaystyle\int\frac{\mathrm{d}x}{a+bx}=\frac{1}{b}\ln\mid a+bx\mid+C$

2. $\displaystyle\int(a+bx)^{n}\mathrm{d}x=\frac{(a+bx)^{n+1}}{b(n+1)}+C(n\neq-1)$

3. $\displaystyle\int\frac{x\mathrm{d}x}{a+bx}=\frac{1}{b^{2}}[a+bx-a\ln\mid a+bx\mid]+C$

4. $\displaystyle\int\frac{x^{2}\mathrm{d}x}{a+bx}=\frac{1}{b^{3}}\left[\frac{1}{2}(a+bx)^{2}-2a(a+bx)+a^{2}\ln\mid a+bx\mid\right]+C$

5. $\displaystyle\int\frac{\mathrm{d}x}{x(a+bx)}=-\frac{1}{a}\ln\left|\frac{a+bx}{x}\right|+C$

6. $\displaystyle\int\frac{\mathrm{d}x}{x^{2}(a+bx)}=-\frac{1}{ax}+\frac{b}{a^{2}}\ln\left|\frac{a+bx}{x}\right|+C$

7. $\displaystyle\int\frac{x\mathrm{d}x}{(a+bx)^{2}}=\frac{1}{b^{2}}\left[\ln\mid a+bx\mid+\frac{a}{a+bx}\right]+C$

8. $\displaystyle\int\frac{x^{2}\mathrm{d}x}{(a+bx)^{2}}=\frac{1}{b^{3}}\left[a+bx-2a\ln\mid a+bx\mid+\frac{a^{2}}{a+bx}\right]+C$

9. $\displaystyle\int\frac{\mathrm{d}x}{x(a+bx)^{2}}=-\frac{1}{a(a+bx)}-\frac{1}{a^{2}}\ln\left|\frac{a+bx}{x}\right|+C$

二、含有 $a^{2}\pm x^{2}$ 的积分

10. $\displaystyle\int\frac{\mathrm{d}x}{a^{2}+x^{2}}=\frac{1}{a}\arctan\frac{x}{a}+C$

11. $\displaystyle\int\frac{\mathrm{d}x}{(x^{2}+a^{2})^{n}}=\frac{x}{2(n-1)a^{2}(x^{2}+a^{2})^{n-1}}+\frac{2n-3}{2(n-1)a^{2}}\int\frac{\mathrm{d}x}{(x^{2}+a^{2})^{n-1}}$

12. $\displaystyle\int\frac{\mathrm{d}x}{a^{2}-x^{2}}=\frac{1}{2a}\ln\left|\frac{a+x}{a-x}\right|+C$

13. $\displaystyle\int\frac{\mathrm{d}x}{x^{2}-a^{2}}=\frac{1}{2a}\ln\left|\frac{x-a}{x+a}\right|+C$

三、含有 $a\pm bx^{2}$ 的积分

14. $\displaystyle\int\frac{\mathrm{d}x}{a+bx^{2}}=\frac{1}{\sqrt{ab}}\arctan\sqrt{\frac{b}{a}}x+C(a>0,b>0)$

15. $\displaystyle\int\frac{\mathrm{d}x}{a-bx^{2}}=\frac{1}{2\sqrt{ab}}\ln\left|\frac{\sqrt{a}+\sqrt{b}x}{\sqrt{a}-\sqrt{b}x}\right|+C$

16. $\displaystyle\int\frac{x\mathrm{d}x}{a+bx^{2}}=\frac{1}{2b}\ln\mid a+bx^{2}\mid+C$

17. $\int \dfrac{x^2\,\mathrm{d}x}{a+bx^2} = \dfrac{x}{b} - \dfrac{a}{b}\int \dfrac{\mathrm{d}x}{a+bx^2}$

18. $\int \dfrac{\mathrm{d}x}{x(a+bx^2)} = \dfrac{1}{2a}\ln\left|\dfrac{x^2}{a+bx^2}\right| + C$

19. $\int \dfrac{\mathrm{d}x}{x^2(a+bx^2)} = -\dfrac{1}{ax} - \dfrac{b}{a}\int \dfrac{\mathrm{d}x}{a+bx^2}$

20. $\int \dfrac{\mathrm{d}x}{(a+bx^2)^2} = \dfrac{x}{2a(a+bx^2)} + \dfrac{1}{2a}\int \dfrac{\mathrm{d}x}{a+bx^2}$

四、含有 $a+bx \pm cx^2\,(c>0)$ 的积分

21. $\int \dfrac{\mathrm{d}x}{a+bx-cx^2} = \dfrac{1}{\sqrt{b^2+4ac}}\ln\left|\dfrac{\sqrt{b^2+4ac}+2cx-b}{\sqrt{b^2+4ac}-2cx+b}\right| + C$

22. $\int \dfrac{\mathrm{d}x}{a+bx+cx^2} = \begin{cases} \dfrac{2}{4ac-b^2}\arctan\dfrac{2cx+b}{\sqrt{4ac-b^2}} + C\,(b^2<4ac) \\[4mm] \dfrac{1}{\sqrt{b^2-4ac}}\ln\left|\dfrac{2cx+b-\sqrt{b^2-4ac}}{2cx+b+\sqrt{b^2-4ac}}\right| + C\,(b^2>4ac) \end{cases}$

五、含有 $\sqrt{a+bx}$ 的积分

23. $\int \sqrt{a+bx}\,\mathrm{d}x = \dfrac{2}{3b}\sqrt{(a+bx)^3} + C$

24. $\int x\sqrt{a+bx}\,\mathrm{d}x = -\dfrac{2(2a-3bx)\sqrt{(a+bx)^3}}{15b^2} + C$

25. $\int x^2\sqrt{a+bx}\,\mathrm{d}x = \dfrac{2(8a^2-12abx+15b^2x^2)\sqrt{(a+bx)^3}}{105b^3} + C$

26. $\int \dfrac{x\,\mathrm{d}x}{\sqrt{a+bx}} = -\dfrac{2(2a-bx)}{3b^2}\sqrt{a+bx} + C$

27. $\int \dfrac{x^2\,\mathrm{d}x}{\sqrt{a+bx}} = \dfrac{2(8a^2-4abx+3b^2x^2)}{15b^3}\sqrt{a+bx} + C$

28. $\int \dfrac{\mathrm{d}x}{x\sqrt{a+bx}} = \begin{cases} \dfrac{1}{\sqrt{a}}\ln\left|\dfrac{\sqrt{a+bx}-\sqrt{a}}{\sqrt{a+bx}+\sqrt{a}}\right| + C\,(a>0) \\[4mm] \dfrac{2}{\sqrt{-a}}\arctan\sqrt{\dfrac{a+bx}{-a}} + C\,(a<0) \end{cases}$

29. $\int \dfrac{\mathrm{d}x}{x^2\sqrt{a+bx}} = -\dfrac{\sqrt{a+bx}}{ax} - \dfrac{b}{2a}\int \dfrac{\mathrm{d}x}{x\sqrt{a+bx}}$

30. $\int \dfrac{\sqrt{a+bx}}{x}\,\mathrm{d}x = 2\sqrt{a+bx} + a\int \dfrac{\mathrm{d}x}{x\sqrt{a+bx}}$

六、含有 $\sqrt{x^2+a^2}$ 的积分

31. $\int \sqrt{x^2+a^2}\,\mathrm{d}x = \dfrac{x}{2}\sqrt{x^2+a^2} + \dfrac{a^2}{2}\ln(x+\sqrt{x^2+a^2}) + C$

32. $\int \sqrt{(x^2+a^2)^3}\,\mathrm{d}x = \dfrac{x}{8}(2x^2+5a^2)\sqrt{x^2+a^2} + \dfrac{3a^4}{8}\ln(x+\sqrt{x^2+a^2}) + C$

33. $\int x\sqrt{x^2+a^2}\,\mathrm{d}x = \dfrac{\sqrt{(x^2+a^2)^3}}{3}+C$

34. $\int x^2\sqrt{x^2+a^2}\,\mathrm{d}x = \dfrac{x}{8}(2x^2+a^2)\sqrt{x^2+a^2}-\dfrac{a^4}{8}\ln(x+\sqrt{x^2+a^2})+C$

35. $\int \dfrac{\mathrm{d}x}{\sqrt{x^2+a^2}} = \ln(x+\sqrt{x^2+a^2})+C$

36. $\int \dfrac{\mathrm{d}x}{\sqrt{(x^2+a^2)^3}} = \dfrac{x}{a^2\sqrt{x^2+a^2}}+C$

37. $\int \dfrac{x\,\mathrm{d}x}{\sqrt{x^2+a^2}} = \sqrt{x^2+a^2}+C$

38. $\int \dfrac{x^2\,\mathrm{d}x}{\sqrt{x^2+a^2}} = \dfrac{x}{2}\sqrt{x^2+a^2}-\dfrac{a^2}{2}\ln(x+\sqrt{x^2+a^2})+C$

39. $\int \dfrac{x^2\,\mathrm{d}x}{\sqrt{(x^2+a^2)^3}} = -\dfrac{x}{\sqrt{x^2+a^2}}+\ln(x+\sqrt{x^2+a^2})+C$

40. $\int \dfrac{\mathrm{d}x}{x\sqrt{x^2+a^2}} = \dfrac{1}{a}\ln\dfrac{|x|}{a+\sqrt{x^2+a^2}}+C$

41. $\int \dfrac{\mathrm{d}x}{x^2\sqrt{x^2+a^2}} = -\dfrac{\sqrt{x^2+a^2}}{a^2x}+C$

42. $\int \dfrac{\sqrt{x^2+a^2}}{x}\,\mathrm{d}x = \sqrt{x^2+a^2}-a\ln\dfrac{a+\sqrt{x^2+a^2}}{|x|}+C$

43. $\int \dfrac{\sqrt{x^2+a^2}}{x^2}\,\mathrm{d}x = -\dfrac{\sqrt{x^2+a^2}}{x}+\ln(x+\sqrt{x^2+a^2})+C$

七、含有 $\sqrt{x^2-a^2}$ 的积分

44. $\int \dfrac{\mathrm{d}x}{\sqrt{x^2-a^2}} = \ln|x+\sqrt{x^2-a^2}|+C$

45. $\int \dfrac{\mathrm{d}x}{\sqrt{(x^2-a^2)^3}} = -\dfrac{x}{a^2\sqrt{x^2-a^2}}+C$

46. $\int \dfrac{x\,\mathrm{d}x}{\sqrt{x^2-a^2}} = \sqrt{x^2-a^2}+C$

47. $\int \sqrt{x^2-a^2}\,\mathrm{d}x = \dfrac{x}{2}\sqrt{x^2-a^2}-\dfrac{a^2}{2}\ln|x+\sqrt{x^2-a^2}|+C$

48. $\int \sqrt{(x^2-a^2)^3}\,\mathrm{d}x = \dfrac{x}{8}(2x^2-5a^2)\sqrt{x^2-a^2}+\dfrac{3a^4}{8}\ln|x+\sqrt{x^2-a^2}|+C$

49. $\int x\sqrt{x^2-a^2}\,\mathrm{d}x = \dfrac{\sqrt{(x^2-a^2)^3}}{3}+C$

50. $\int x\sqrt{(x^2-a^2)^3}\,\mathrm{d}x = \dfrac{\sqrt{(x^2-a^2)^5}}{5}+C$

51. $\int x^2\sqrt{x^2-a^2}\,\mathrm{d}x = \dfrac{x}{8}(2x^2-a^2)\sqrt{x^2-a^2}-\dfrac{a^4}{8}\ln|x+\sqrt{x^2-a^2}|+C$

52. $\int \dfrac{x^2\,\mathrm{d}x}{\sqrt{x^2-a^2}} = \dfrac{x}{2}\sqrt{x^2-a^2}+\dfrac{a^2}{2}\ln|x+\sqrt{x^2-a^2}|+C$

53. $\int \dfrac{x^2\,\mathrm{d}x}{\sqrt{(x^2-a^2)^3}} = -\dfrac{x}{\sqrt{x^2-a^2}} + \ln|x+\sqrt{x^2-a^2}| + C$

54. $\int \dfrac{\mathrm{d}x}{x\sqrt{x^2-a^2}} = \dfrac{1}{a}\arccos\dfrac{a}{x} + C$

55. $\int \dfrac{\mathrm{d}x}{x^2\sqrt{x^2-a^2}} = \dfrac{\sqrt{x^2-a^2}}{a^2x} + C$

56. $\int \dfrac{\sqrt{x^2-a^2}}{x}\,\mathrm{d}x = \sqrt{x^2-a^2} - a\arccos\dfrac{a}{x} + C$

57. $\int \dfrac{\sqrt{x^2-a^2}}{x^2}\,\mathrm{d}x = -\dfrac{\sqrt{x^2-a^2}}{x} + \ln|x+\sqrt{x^2-a^2}| + C$

八、含有 $\sqrt{a^2-x^2}$ 的积分

58. $\int \dfrac{\mathrm{d}x}{\sqrt{a^2-x^2}} = \arcsin\dfrac{x}{a} + C$

59. $\int \dfrac{\mathrm{d}x}{\sqrt{(a^2-x^2)^3}} = \dfrac{x}{a^2\sqrt{a^2-x^2}} + C$

60. $\int \dfrac{x\,\mathrm{d}x}{\sqrt{a^2-x^2}} = -\sqrt{a^2-x^2} + C$

61. $\int \dfrac{x\,\mathrm{d}x}{\sqrt{(a^2-x^2)^3}} = \dfrac{1}{\sqrt{a^2-x^2}} + C$

62. $\int \dfrac{x^2\,\mathrm{d}x}{\sqrt{a^2-x^2}} = -\dfrac{x}{2}\sqrt{a^2-x^2} + \dfrac{a^2}{2}\arcsin\dfrac{x}{a} + C$

63. $\int \sqrt{a^2-x^2}\,\mathrm{d}x = \dfrac{x}{2}\sqrt{a^2-x^2} + \dfrac{a^2}{2}\arcsin\dfrac{x}{a} + C$

64. $\int \sqrt{(a^2-x^2)^3}\,\mathrm{d}x = \dfrac{x}{8}(5a^2-2x^2)\sqrt{a^2-x^2} + \dfrac{3a^4}{8}\arcsin\dfrac{x}{a} + C$

65. $\int x\sqrt{a^2-x^2}\,\mathrm{d}x = -\dfrac{\sqrt{(a^2-x^2)^3}}{3} + C$

66. $\int x\sqrt{(a^2-x^2)^3}\,\mathrm{d}x = -\dfrac{\sqrt{(a^2-x^2)^5}}{5} + C$

67. $\int x^2\sqrt{a^2-x^2}\,\mathrm{d}x = \dfrac{x}{8}(2x^2-a^2)\sqrt{a^2-x^2} + \dfrac{a^4}{8}\arcsin\dfrac{x}{a} + C$

68. $\int \dfrac{x^2\,\mathrm{d}x}{\sqrt{(a^2-x^2)^3}} = \dfrac{x}{\sqrt{(a^2-x^2)}} - \arcsin\dfrac{x}{a} + C$

69. $\int \dfrac{\mathrm{d}x}{x\sqrt{a^2-x^2}} = \dfrac{1}{a}\ln\left|\dfrac{x}{a+\sqrt{a^2-x^2}}\right| + C$

70. $\int \dfrac{\mathrm{d}x}{x^2\sqrt{a^2-x^2}} = -\dfrac{\sqrt{a^2-x^2}}{a^2x} + C$

71. $\int \dfrac{\sqrt{a^2-x^2}}{x}\,\mathrm{d}x = \sqrt{a^2-x^2} - a\ln\left|\dfrac{a+\sqrt{a^2-x^2}}{x}\right| + C$

72. $\int \dfrac{\sqrt{a^2-x^2}}{x^2}\,\mathrm{d}x = -\dfrac{\sqrt{a^2-x^2}}{x} - \arcsin\dfrac{x}{a} + C$

九、含有 $\sqrt{a+bx\pm cx^2}\ (c>0)$ 的积分

73. $\displaystyle\int\frac{\mathrm{d}x}{\sqrt{a+bx+cx^2}}=\frac{1}{\sqrt{c}}\ln\left|\,2cx+b+2\sqrt{c}\,\sqrt{a+bx+cx^2}\,\right|+C$

74. $\displaystyle\int\sqrt{a+bx+cx^2}\,\mathrm{d}x=\frac{2cx+b}{4c}\sqrt{a+bx+cx^2}-\frac{b^2-4ac}{8\sqrt{c^3}}\ln\left|\,2cx+b+2\sqrt{c}\,\sqrt{a+bx+cx^2}\,\right|+C$

75. $\displaystyle\int\frac{x\mathrm{d}x}{\sqrt{a+bx+cx^2}}=\frac{\sqrt{a+bx+cx^2}}{c}-\frac{b}{2\sqrt{c^3}}\ln\left|\,2cx+b+2\sqrt{c}\,\sqrt{a+bx+cx^2}\,\right|+C$

76. $\displaystyle\int\frac{\mathrm{d}x}{\sqrt{a+bx-cx^2}}=\frac{1}{\sqrt{c}}\arcsin\frac{2cx-b}{\sqrt{b^2+4ac}}+C$

77. $\displaystyle\int\sqrt{a+bx-cx^2}\,\mathrm{d}x=\frac{2cx-b}{\sqrt{b^2+4ac}}\sqrt{a+bx-cx^2}+\frac{b^2+4ac}{8\sqrt{c^3}}\arcsin\frac{2cx-b}{\sqrt{b^2+4ac}}+C$

78. $\displaystyle\int\frac{x\mathrm{d}x}{\sqrt{a+bx-cx^2}}=-\frac{\sqrt{a+bx-cx^2}}{c}+\frac{b}{2\sqrt{c^3}}\arcsin\frac{2cx-b}{\sqrt{b^2+4ac}}+C$

十、含有 $\sqrt{\dfrac{a\pm x}{b\pm x}}$ 的积分和含有 $\sqrt{(x-a)(b-x)}$ 的积分

79. $\displaystyle\int\sqrt{\frac{a+x}{b+x}}\,\mathrm{d}x=\sqrt{(a+x)(b+x)}+(a-b)\ln(\sqrt{a+x}+\sqrt{b+x})+C$

80. $\displaystyle\int\sqrt{\frac{a-x}{b+x}}\,\mathrm{d}x=\sqrt{(a-x)(b+x)}+(a+b)\arcsin\sqrt{\frac{x+b}{a+b}}+C$

81. $\displaystyle\int\sqrt{\frac{a+x}{b-x}}\,\mathrm{d}x=-\sqrt{(a+x)(b-x)}-(a+b)\arcsin\sqrt{\frac{b-x}{a+b}}+C$

82. $\displaystyle\int\frac{\mathrm{d}x}{\sqrt{(x-a)(b-x)}}=2\arcsin\sqrt{\frac{x-a}{b-a}}+C$

十一、含有三角函数的积分

83. $\displaystyle\int\sin x\mathrm{d}x=-\cos x+C$

84. $\displaystyle\int\cos x\mathrm{d}x=\sin x+C$

85. $\displaystyle\int\tan x\mathrm{d}x=-\ln|\cos x|+C$

86. $\displaystyle\int\cot x\mathrm{d}x=\ln|\sin x|+C$

87. $\displaystyle\int\sec x\mathrm{d}x=\ln|\sec x+\tan x|+C=\ln\left|\tan\left(\frac{\pi}{4}+\frac{x}{2}\right)\right|+C$

88. $\displaystyle\int\csc x\mathrm{d}x=\ln|\csc x-\cot x|+C=\ln\left|\tan\frac{x}{2}\right|+C$

89. $\displaystyle\int\sec^2 x\mathrm{d}x=\tan x+C$

90. $\displaystyle\int\csc^2 x\mathrm{d}x=-\cot x+C$

91. $\displaystyle\int\sec x\tan x\mathrm{d}x=\sec x+C$

92. $\int \csc x \cot x \, dx = -\csc x + C$

93. $\int \sin^2 x \, dx = \dfrac{x}{2} - \dfrac{1}{4} \sin 2x + C$

94. $\int \cos^2 x \, dx = \dfrac{x}{2} + \dfrac{1}{4} \sin 2x + C$

95. $\int \sin^n x \, dx = -\dfrac{\sin^{n-1} x \cos x}{n} + \dfrac{n-1}{n} \int \sin^{n-2} x \, dx$

96. $\int \cos^n x \, dx = \dfrac{\cos^{n-1} x \sin x}{n} + \dfrac{n-1}{n} \int \cos^{n-2} x \, dx$

97. $\int \dfrac{dx}{\sin^n x} = -\dfrac{1}{n-1} \dfrac{\cos x}{\sin^{n-1} x} + \dfrac{n-2}{n-1} \int \dfrac{dx}{\sin^{n-2} x}$

98. $\int \dfrac{dx}{\cos^n x} = \dfrac{1}{n-1} \dfrac{\sin x}{\cos^{n-1} x} + \dfrac{n-2}{n-1} \int \dfrac{dx}{\cos^{n-2} x}$

99. $\int \cos^m x \sin^n x \, dx = \dfrac{\cos^{m-1} x \sin^{n+1} x}{m+n} + \dfrac{m-1}{m+n} \int \cos^{m-2} x \sin^n x \, dx$

$\qquad = -\dfrac{\sin^{n-1} x \cos^{m+1} x}{m+n} + \dfrac{n-1}{m+n} \int \cos^m x \sin^{n-2} x \, dx$

100. $\int \sin mx \cos nx \, dx = -\dfrac{\cos(m+n)x}{2(m+n)} - \dfrac{\cos(m-n)x}{2(m-n)} + C \, (m \neq n)$

101. $\int \sin mx \sin nx \, dx = -\dfrac{\sin(m+n)x}{2(m+n)} + \dfrac{\sin(m-n)x}{2(m-n)} + C \, (m \neq n)$

102. $\int \cos mx \cos nx \, dx = \dfrac{\sin(m+n)x}{2(m+n)} + \dfrac{\sin(m-n)x}{2(m-n)} + C \, (m \neq n)$

103. $\int \dfrac{dx}{a+b\sin x} = \dfrac{2}{\sqrt{a^2-b^2}} \arctan \dfrac{a\tan \frac{x}{2} + b}{\sqrt{a^2-b^2}} + C \, (a^2 > b^2)$

104. $\int \dfrac{dx}{a+b\sin x} = \dfrac{1}{\sqrt{b^2-a^2}} \ln \left| \dfrac{a\tan \frac{x}{2} + b - \sqrt{b^2-a^2}}{a\tan \frac{x}{2} + b + \sqrt{b^2-a^2}} \right| + C \, (a^2 < b^2)$

105. $\int \dfrac{dx}{a+b\cos x} = \dfrac{2}{\sqrt{a^2-b^2}} \arctan \left(\sqrt{\dfrac{a-b}{a+b}} \tan \dfrac{x}{2} \right) + C \, (a^2 > b^2)$

106. $\int \dfrac{dx}{a+b\cos x} = \dfrac{1}{\sqrt{b^2-a^2}} \ln \left| \dfrac{\tan \frac{x}{2} + \sqrt{\frac{b+a}{b-a}}}{\tan \frac{x}{2} - \sqrt{\frac{b+a}{b-a}}} \right| + C \, (a^2 < b^2)$

107. $\int \dfrac{dx}{a^2 \cos^2 x + b^2 \sin^2 x} = \dfrac{1}{ab} \arctan \left(\dfrac{b\tan x}{a} \right) + C$

108. $\int \dfrac{dx}{a^2 \cos^2 x - b^2 \sin^2 x} = \dfrac{1}{2ab} \ln \left| \dfrac{b\tan x + a}{b\tan x - a} \right| + C$

109. $\int x \sin ax \, dx = \dfrac{1}{a^2} \sin ax - \dfrac{1}{a} x \cos ax + C$

110. $\int x^2 \sin ax \, dx = \dfrac{-1}{a} x^2 \cos ax + \dfrac{2}{a^2} x \sin ax + \dfrac{2}{a^3} \cos ax + C$

111. $\int x \cos ax \, dx = \dfrac{1}{a^2} \cos ax + \dfrac{1}{a} x \sin ax + C$

112. $\int x^2 \cos ax \, dx = \dfrac{1}{a} x^2 \sin ax + \dfrac{2}{a^2} x \cos ax - \dfrac{2}{a^3} \sin ax + C$

十二、含有反三角函数的积分

113. $\int \arcsin \dfrac{x}{a} \, dx = x \arcsin \dfrac{x}{a} + \sqrt{a^2 - x^2} + C$

114. $\int x \arcsin \dfrac{x}{a} \, dx = \left(\dfrac{x^2}{2} - \dfrac{a^2}{4} \right) \arcsin \dfrac{x}{a} + \dfrac{x}{4} \sqrt{a^2 - x^2} + C$

115. $\int x^2 \arcsin \dfrac{x}{a} \, dx = \dfrac{x^3}{3} \arcsin \dfrac{x}{a} + \dfrac{1}{9} (x^2 + 2a^2) \sqrt{a^2 - x^2} + C$

116. $\int \arccos \dfrac{x}{a} \, dx = x \arccos \dfrac{x}{a} - \sqrt{a^2 - x^2} + C$

117. $\int x \arccos \dfrac{x}{a} \, dx = \left(\dfrac{x^2}{2} - \dfrac{a^2}{4} \right) \arccos \dfrac{x}{a} - \dfrac{x}{4} \sqrt{a^2 - x^2} + C$

118. $\int x^2 \arccos \dfrac{x}{a} \, dx = \dfrac{x^3}{3} \arccos \dfrac{x}{a} - \dfrac{1}{9} (x^2 + 2a^2) \sqrt{a^2 - x^2} + C$

119. $\int \arctan \dfrac{x}{a} \, dx = x \arctan \dfrac{x}{a} - \dfrac{a}{2} \ln(a^2 + x^2) + C$

120. $\int x \arctan \dfrac{x}{a} \, dx = \dfrac{1}{2} (x^2 + a^2) \arctan \dfrac{x}{a} - \dfrac{ax}{2} + C$

121. $\int x^2 \arctan \dfrac{x}{a} \, dx = \dfrac{x^3}{3} \arctan \dfrac{x}{a} - \dfrac{ax^2}{6} + \dfrac{a^3}{6} \ln(a^2 + x^2) + C$

十三、含有指数函数的积分

122. $\int a^x \, dx = \dfrac{a^x}{\ln a} + C \, (a > 0, \text{且 } a \ne 1)$

123. $\int e^{ax} \, dx = \dfrac{e^{ax}}{a} + C$

124. $\int e^{ax} \sin bx \, dx = \dfrac{e^{ax} (a \sin bx - b \cos bx)}{a^2 + b^2} + C$

125. $\int e^{ax} \cos bx \, dx = \dfrac{e^{ax} (b \sin bx + a \cos bx)}{a^2 + b^2} + C$

126. $\int x e^{ax} \, dx = \dfrac{e^{ax}}{a^2} (ax - 1) + C$

127. $\int x^n e^{ax} \, dx = \dfrac{x^n e^{ax}}{a} - \dfrac{n}{a} \int x^{n-1} e^{ax} \, dx$

128. $\int x a^{mx} \, dx = \dfrac{x a^{mx}}{m \ln a} - \dfrac{a^{mx}}{(m \ln a)^2} + C$

129. $\int x^n a^{mx} \, dx = \dfrac{a^{mx} x^n}{m \ln a} - \dfrac{n}{m \ln a} \int x^{n-1} a^{mx} \, dx$

130. $\int e^{ax} \sin^n bx \, dx = \dfrac{e^{ax} \sin^{n-1} bx}{a^2 + b^2 n^2} (a \sin bx - nb \cos bx) + \dfrac{n(n-1)}{a^2 + b^2 n^2} b^2 \int e^{ax} \sin^{n-2} bx \, dx$

131. $\int e^{ax} \cos^n bx \, dx = \dfrac{e^{ax} \cos^{n-1} bx}{a^2 + b^2 n^2} (a \cos bx + nb \sin bx) + \dfrac{n(n-1)}{a^2 + b^2 n^2} b^2 \int e^{ax} \cos^{n-2} bx \, dx$

十四、含有对数函数的积分

132. $\int \ln x \, dx = x \ln x - x + C$

133. $\int \dfrac{dx}{x \ln x} = \ln(\ln x) + C$

134. $\int x^n \ln x \, dx = x^{n+1}\left[\dfrac{\ln x}{n+1} - \dfrac{1}{(n+1)^2}\right] + C$

135. $\int \ln^n x \, dx = x \ln^n x - n \int \ln^{n-1} x \, dx$

136. $\int x^m \ln^n x \, dx = \dfrac{x^{m+1}}{m+1} \ln^n x - \dfrac{n}{m+1} \int x^m \ln^{n-1} x \, dx$

十五、定积分

137. $\displaystyle\int_{-\pi}^{\pi} \cos nx \, dx = \int_{-\pi}^{\pi} \sin nx \, dx = 0$

138. $\displaystyle\int_{-\pi}^{\pi} \cos mx \sin nx \, dx = 0$

139. $\displaystyle\int_{-\pi}^{\pi} \cos mx \cos nx \, dx = \begin{cases} 0, & m \neq n, \\ \pi, & m = n \end{cases}$

140. $\displaystyle\int_{-\pi}^{\pi} \sin mx \sin nx \, dx = \begin{cases} 0, & m \neq n, \\ \pi, & m = n \end{cases}$

141. $\displaystyle\int_{0}^{\pi} \sin mx \sin nx \, dx = \int_{0}^{\pi} \cos mx \cos nx \, dx = \begin{cases} 0, & m \neq n, \\ \dfrac{\pi}{2}, & m = n \end{cases}$

142. $I_n = \displaystyle\int_{0}^{\frac{\pi}{2}} \sin^n x \, dx = \int_{0}^{\frac{\pi}{2}} \cos^n x \, dx$

$$I_n = \frac{n-1}{n} I_{n-2} = \begin{cases} \dfrac{n-1}{n} \cdot \dfrac{n-3}{n-2} \cdot \cdots \cdot \dfrac{4}{5} \cdot \dfrac{2}{3}(n > 1 \text{ 的奇数}), I_1 = 1, \\[2mm] \dfrac{n-1}{n} \cdot \dfrac{n-3}{n-2} \cdot \cdots \cdot \dfrac{3}{4} \cdot \dfrac{1}{2} \cdot \dfrac{\pi}{2}(n \text{ 为正偶数}), I_0 = \dfrac{\pi}{2} \end{cases}$$

附录三　部分习题答案

第一章　函数与极限

习题 1-1

1. (1) $x < 3$；　(2) $x \neq 1$ 且 $x \neq 2$；　(3) $x \geqslant 2$ 且 $x \neq 5$；　(4) $0 \leqslant x \leqslant 2$.

2. $\dfrac{2}{5}, \dfrac{x}{2x-1}, \dfrac{1}{x+2}$.

3. $0, 0, 4$.（图象略）

4. $[-5, 11], [-7, 9]$.

5. $y = \ln \dfrac{2-x}{x-1}$.

习题 1-2

1. $p = \dfrac{240}{11}$.

2. (1) $R(q) = \dfrac{200q - q^2}{5}$；　(2) $R(20) = 720, \bar{R}(20) = 36$.

3. (1) 固定成本为 10000 元，成本函数 $C(q) = 10000 + 300q$；

　(2) $C(200) = 70000(元), \bar{C}(200) = 350(元)$.

4. $L(q) = -\dfrac{q^2}{5} + 23q - 100$.

5. 10747 元.

6. $V = \dfrac{\alpha^2 R^2}{12\pi} \sqrt{R^2 - \dfrac{\alpha^2 R^2}{4\pi^2}}, \alpha \in (0, 2\pi)$.

7. $y = \begin{cases} 0, & x \leqslant 20, \\ 0.5(x-20), & 20 < x \leqslant 50, \\ 0.5(50-20) + 0.5(1+50\%)(x-50), & x > 50. \end{cases}$

习题 1-3

1. (1) 1；　(2) 28；　(3) $\dfrac{1}{3}$；　(4) ∞；　(5) 0；　(6) 108.

2. 2.

3. 2.

4. $a = -1, b = -2$.

习题 1-4

1. (1) 7；　(2) -21；　(3) -1；　(4) $-\dfrac{\sqrt{2}}{4}$；　(5) $-\dfrac{1}{2}$；　(6) 0.

2. $0, 1$.

3. $a = 2, b = -3$.

习题 1－5

1. (1) $f(1^-)=f(1^+)=f(1)=1$,函数在 $x=1$ 处连续;

   (2) $f(0^-)=2,f(0^+)=1$,函数在 $x=0$ 处不连续;

   (3) $f(1^-)=f(1^+)=f(1)=3,f(3^-)=3,f(3^+)=0$,函数在 $x=1$ 处连续,在 $x=3$ 处不连续.

2. (1) $x=1,x=2$; (2) $x=k\pi,k\in\mathbf{Z}$.

3. 令 $f(x)=x^5-3x-1$,则 $f(x)$ 在 $\mathbf{R}$ 上连续,因此 $f(x)$ 在 $[1,2]$ 上连续,又因为 $f(1)=-3,f(2)=25$,则 $f(1)\cdot f(2)<0$,由推论可知,$(1,2)$ 内至少存在一点 ξ,使得 $f(\xi)=0$.

4. 提示:构造 $F(x)=f(x)-x+x^2$,并利用零点定理.

数学实验(一) 习题

(1) $\dfrac{1}{2}$. (2) 1. (3) -1. (4) $\dfrac{1}{3}$. (5) $\dfrac{3}{5}$. (6) 2.

复习题一

1. (1) $(-1,0)\bigcup(0,2]$; (2) $[-1,1]$.

2. $\left[2k\pi,2k\pi+\dfrac{\pi}{6}\right]\bigcup\left[2k\pi+\dfrac{5}{6}\pi,2k\pi+\pi\right],k\in\mathbf{Z}.$

3. $[0,\lg 2]$.

4. $y=\log_3\dfrac{2-x}{x-1},x\in(1,2)$.

5. $y=\ln(x+\sqrt{x^2+1})$.

6. (1) $\dfrac{125}{32}$; (2) $\dfrac{1}{2}$; (3) $-\dfrac{2}{3}$; (4) $\dfrac{3}{2}$; (5) -1; (6) 0; (7) $-\dfrac{1}{4}$; (8) 3.

7. $a=1,b=2$.

8. $a=4,b=0$.

9. $f(2)=3$.

10. $x=2$ 是函数 $f(x)$ 的间断点,函数 $f(x)$ 在 $x=-2$ 处连续.

11. $m=1$.

12. $(-\infty,-3),(2,+\infty),(-3,2)$;$x=-3$ 是函数 $f(x)$ 的第一类间断点,$x=2$ 是函数 $f(x)$ 的第二类间断点.

13. 提示:构造 $f(x)=x^3-4x^2+1$,并利用零点定理.

14. 提示:构造 $F(x)=f(x)-x$,并利用零点定理.

15. 提示:构造 $F(x)=f(x)+x-1$,并利用零点定理.

第二章 导数与应用

习题 2－1

1. $10g$.

2. (1) $-\dfrac{1}{2}x^{-\frac{3}{2}}$; (2) $10x^9$; (3) $-\dfrac{1}{6}x^{-\frac{7}{6}}$; (4) $\dfrac{5}{2}x^{\frac{3}{2}}$.

3. (1) e^2; (2) $\dfrac{1}{2}$; (3) $\dfrac{1}{3}$; (4) 0.

4. $y=\dfrac{1}{2}(x+1),y=-2x+3$.

5. $(2,\ln 2)$.

6. $0,\dfrac{2}{3}$.

习题 2－2

1. (1) $18x^2-2$；　(2) $-3x^{-2}-x^{-\frac{1}{2}}-\frac{1}{2}x^{-\frac{3}{2}}+\frac{2}{5}x^{-\frac{6}{5}}$；　(3) $\cos x-\sin x$；　(4) $\sec^2 x+\sec x\tan x-2^x\ln 2$；

(5) $1+\ln x$；　(6) $4x^3\sin x+x^4\cos x$；　(7) $\mathrm{e}^x\arctan x\cos x+\dfrac{\mathrm{e}^x\cos x}{1+x^2}-\mathrm{e}^x\arctan x\sin x$；　(8) $\dfrac{1-\ln x}{x^2}$；

(9) $\dfrac{1}{\sqrt{1-x^2}}+\arctan x+\dfrac{x}{1+x^2}$；　(10) $\dfrac{x\mathrm{e}^x}{(1+x)^2}$.

2. (1) 0；　(2) 13；　(3) 2；　(4) $2-\dfrac{\sqrt{3}}{3}\pi$.

3. $y=3x+2,y=-\dfrac{1}{3}x+2$.

习题 2－3

1. (1) $y=\sin u,u=x^2$；　(2) $y=u^2,u=\sin x$.

2. (1) $-\tan x$；　(2) $\cos x\mathrm{e}^{\sin x}$；　(3) $\dfrac{2\ln x}{x}$；　(4) $\dfrac{x}{\sqrt{x^2+1}}$；　(5) $\dfrac{2}{1+(2x-1)^2}$；　(6) $\dfrac{1}{x\ln x\ln\ln x}$；　(7) $2^{\ln\tan x}\ln 2\cot x\sec^2 x$；

(8) $7\cos 7x+5\mathrm{e}^{5x}$；　(9) $\mathrm{e}^{3x}(3\cos 2x-2\sin 2x)$；　(10) $\dfrac{(\sin x+x\cos x)(x^2-1)-2x^2\sin x}{(x^2-1)^2}$.

3. (1) 160；　(2) 2.

4. (1) $\dfrac{2\sqrt{x}+1}{4\sqrt{x}\sqrt{x+\sqrt{x}}}$；　(2) $\sqrt{\dfrac{1-x}{1+x}}-\dfrac{x}{(1+x)^2}\sqrt{\dfrac{1+x}{1-x}}$；　(3) $\sec^2\dfrac{x}{2}\tan\dfrac{x}{2}-\csc^2\dfrac{x}{2}\cot\dfrac{x}{2}$；　(4) $\sqrt{a^2-x^2}$.

习题 2－4

1. (1) $36x$；　(2) $\dfrac{1}{x}$.

2. $(-1)^n\dfrac{n!}{(1+x)^{n+1}}$.

3. $\dfrac{1}{x}$.

4. (1) $\dfrac{3y-3x^2}{2y-3x}$；　(2) $\dfrac{\mathrm{e}^{x+y}-y}{x-\mathrm{e}^{x+y}}$.

5. 1.

6. (1) $x^x(\ln x+1)$；　(2) $\sqrt{\dfrac{\mathrm{e}^x}{x^2+1}}\left(\dfrac{1}{2}-\dfrac{x}{x^2+1}\right)$.

习题 2－5

1. (1) 单调递增区间为$(-\infty,-1),(3,+\infty)$,单调递减区间为$(-1,3)$；

(2) 单调递减区间为$(-\infty,-1)$,单调递增区间为$(-1,+\infty)$.

2. (1) 极大值为-1,极小值为-5；　(2) 极大值为1.

3. 最大值为9,最小值为0.

4. $\theta=\dfrac{\pi}{3}$,最大面积为$\dfrac{3}{4}\sqrt{3}a^2$.

5. 距点 B $\dfrac{250}{3}$ m.

习题 2－6

1. (1) 拐点为$\left(-\dfrac{\sqrt{2}}{2},\mathrm{e}^{-\frac{1}{2}}\right)$和$\left(\dfrac{\sqrt{2}}{2},\mathrm{e}^{-\frac{1}{2}}\right)$,凹区间为$\left(-\infty,-\dfrac{\sqrt{2}}{2}\right),\left(\dfrac{\sqrt{2}}{2},+\infty\right)$,凸区间为$\left(-\dfrac{\sqrt{2}}{2},\dfrac{\sqrt{2}}{2}\right)$；

(2) 拐点为 $(2,-3)$，凸区间为 $(-\infty,2)$，凹区间为 $(2,+\infty)$．

2. (1) 单调递增区间为 $(-\infty,+\infty)$，无极值，$\left(-\infty,\dfrac{1}{2}\right)$ 是凸区间，$\left(\dfrac{1}{2},+\infty\right)$ 是凹区间，拐点为 $\left(\dfrac{1}{2},\dfrac{3}{2}\right)$；

   (2) 单调递增区间为 $(-\infty,1)$，单调递减区间为 $(1,+\infty)$，极大值为 e^{-1}，$(-\infty,2)$ 是凸区间，$(2,+\infty)$ 是凹区间，拐点为 $(2,2\mathrm{e}^{-2})$．

3. (1) $2^{-\frac{3}{2}}$；　(2) 2.

习题 2－7

1. (1) $91,\dfrac{91}{4}$；　(2) 8 万元，每增产 1 吨产品所需的成本为 8 万元．

2. $50,0,-50$，每增加一吨产品产生的利润分别为 50 元、0 元与 -50 元（亏本）．

3. $0.02q+10,40,30-0.02q,1500$．

4. $-3\ln 2$．

5. (1) $\dfrac{27}{59}$，表明产品价格 $p=4$ 时，如果价格提高 1%，则收益增加 0.46%；

   (2) $-\dfrac{11}{13}$，表明产品价格 $p=6$ 时，如果价格提高 1%，则收益减少 0.85%；

   (3) $p=5$ 时收益最大，为 250.

数学实验（二）习题

1. $\dfrac{1}{3\sqrt[3]{(x+1)^2}}$．

2. $-\ln 2 \cdot 2^{\cos x} \cdot \sin x\mathrm{d}x$．

3. $\dfrac{3}{x},-\dfrac{3}{x^2}$．

4. $-4\cos x+x\sin x$．

复习题二

1. $8\ \mathrm{m/s}$．

2. (1) $1+\dfrac{1}{2\sqrt{x}}+\dfrac{1}{3\sqrt[3]{x^2}}$；　(2) $15x^2-2^x\ln 2+3\mathrm{e}^x$；　(3) $\mathrm{e}^x(x^2-x+3)$；　(4) $2x\cos x\ln x-x^2\sin x\ln x+x\cos x$；

   (5) $\dfrac{1+\sin t+\cos t}{(1+\cos t)^2}$；　(6) $\dfrac{1-x\ln x}{x\,(x+1)^2}$；　(7) $\sqrt{2}x^{\sqrt{2}-1}+\arcsin x+\dfrac{x}{\sqrt{1-x^2}}$；　(8) $\dfrac{2(1-2x)}{(1-x+x^2)^2}$．

3. (1) $f'(0)=\dfrac{3}{25},f'(2)=\dfrac{17}{15}$；　(2) $f'(1)=-8,f'(2)=f'(3)=0$；　(3) $\left.\dfrac{\mathrm{d}\rho}{\mathrm{d}\theta}\right|_{\theta=\frac{\pi}{4}}=\dfrac{\sqrt{2}}{4}\left(1+\dfrac{\pi}{2}\right)$．

4. (1) $y'=\dfrac{1+2x^2}{\sqrt{1+x^2}}$；　(2) $y'=\dfrac{1+2\sqrt{x}+4\sqrt{x}\sqrt{x+\sqrt{x}}}{8\sqrt{x}\sqrt{x+\sqrt{x}}\sqrt{x+\sqrt{x+\sqrt{x}}}}$；　(3) $y'=\dfrac{2}{(1+x)^2}\cos\dfrac{2x}{1+x}$；

   (4) $y'=36x^2\,(x^3+1)^3\left[(x^3+1)^4+1\right]^2$；　(5) $y'=\dfrac{\mathrm{e}^x}{2\sqrt{1+\mathrm{e}^x}}$；　(6) $y'=\dfrac{\mathrm{e}^{\sqrt{x+1}}}{2\sqrt{x+1}}$；

   (7) $y'=\dfrac{3\sec^3(\ln x)\tan(\ln x)}{x}$；　(8) $y'=-\dfrac{1}{x^2}\cos\dfrac{1}{x}\mathrm{e}^{\sin\frac{1}{x}}$；　(9) $y'=-\dfrac{1}{(1+x)\sqrt{2x(1-x)}}$；

   (10) $y'=a^a x^{a-1}+ax^{a-1}a^x\ln a+a^x\cdot a^a\ln^2 a$；　(11) $y'=\dfrac{x^2}{1-x^4}$；　(12) $y'=\sqrt{x^2+a^2}$．

5. (1) $y'=-\dfrac{1}{y^2}-1$；　(2) $y'=\dfrac{\mathrm{e}^y}{1-x\mathrm{e}^y}$；　(3) $y'=\dfrac{x+y}{x-y}$；　(4) $y'\left|_{\frac{x=2}{y=4}}\right.=\dfrac{5}{2}$．

6. (1) $y'=\left(\dfrac{x}{1+x}\right)^x\left(\ln\dfrac{x}{1+x}+\dfrac{1}{1+x}\right)$；　(2) $y'=\dfrac{\sqrt{x+2}(3-x)^4}{(x+1)^5}\left[\dfrac{1}{2(x+2)}-\dfrac{4}{3-x}-\dfrac{5}{1+x}\right]$；

(3) $y'=\dfrac{1}{2}\sqrt{x\sin x\sqrt{1-\mathrm{e}^x}}\left[\dfrac{1}{x}+\cot x-\dfrac{\mathrm{e}^x}{2(1-\mathrm{e}^x)}\right]$;   (4) $y'=x^{\frac{1}{x}}\dfrac{1-\ln x}{x^2}$.

7. 切线方程为 $y=\sqrt[3]{4}\,(x+1)$,法线方程为 $y=-\dfrac{\sqrt[3]{2}}{2}(x+1)$.

8. (1) $\left(\dfrac{1}{2},\dfrac{9}{4}\right)$;   (2) $(0,2)$.

9. 切线方程为 $2x-y-\mathrm{e}=0$.

10. (1) $y'=4x+\dfrac{1}{x},y''=4-\dfrac{1}{x^2}$;   (2) $y'=\mathrm{e}^{-t}(\cos t-\sin t),y''=-2\mathrm{e}^{-t}\cos t$;

   (3) $y'=-\dfrac{x}{\sqrt{a^2-x^2}},y''=\dfrac{-a^2}{(a^2-x^2)^{3/2}}$;   (4) $y'=\dfrac{(x-1)\mathrm{e}^x}{x^2},y''=\dfrac{(x^2-2x+2)\mathrm{e}^x}{x^3}$.

11. (1) $y^{(n)}=\dfrac{n!}{2(1-x)^{n+1}}+\dfrac{(-1)^n n!}{2(1+x)^{n+1}}$;   (2) $y^{(n)}=\dfrac{2\cdot(-1)^n n!}{(1+x)^{n+1}}$.

12. (1) 单调递增区间为 $(-\infty,-1),(3,+\infty)$,单调递减区间为 $(-1,3)$,极大值为 $y|_{x=-1}=17$,极小值为 $y|_{x=3}=-47$;

   (2) 单调递增区间为 $(-\infty,-1),(0,1)$,单调递减区间为 $(-1,0),(1,+\infty)$,极大值为 $y|_{x=-1}=y|_{x=1}=1$,极小值为 $y|_{x=0}=0$;

   (3) 单调递增区间为 $(0,+\infty)$,单调递减区间为 $(-1,0)$,极小值为 $y|_{x=0}=0$;

   (4) 单调递增区间为 $\left(-\infty,\dfrac{3}{4}\right)$,单调递减区间为 $\left(\dfrac{3}{4},1\right]$,极大值为 $y\Big|_{x=\frac{3}{4}}=\dfrac{5}{4}$;

   (5) 单调递增区间为 $\left(-\infty,\dfrac{12}{5}\right)$,单调递减区间为 $\left(\dfrac{12}{5},+\infty\right)$,极大值为 $y\Big|_{x=\frac{12}{5}}=\dfrac{\sqrt{205}}{10}$;

   (6) 单调增加区间为 $(0,\mathrm{e})$,单调减少区间为 $(\mathrm{e},+\infty)$,极大值为 $y|_{x=\mathrm{e}}=\mathrm{e}^{\frac{1}{\mathrm{e}}}$.

13. (1) 最大值为 14,最小值为 -13;   (2) 最大值为 11,最小值为 -14.

14. (1) 凹区间为 $(2,+\infty)$,凸区间为 $(-\infty,2)$,拐点为 $(2,1)$;   (2) 凹区间为 $(-\infty,+\infty)$,无拐点.

15. 当长为 10 m,宽为 5 m 时这间小屋的面积最大,为 50 m².

16. (1) $K=2$;   (2) $K=2$.

第三章　定积分及其应用

习题 3-1

1. $A=\displaystyle\int_0^2 x^2\,\mathrm{d}x$.

2. 提示：(1) 由 $y=x,y=0$ 及 $x=4$ 围成的三角形的面积;

   (2) 以 O 为圆心,1 为半径的 $\dfrac{1}{4}$ 圆的面积.

3. (1) $\geqslant$;   (2) $<$.

4. (1) $[1,2]$;   (2) $[2,2\sqrt{17}]$.

习题 3-2

1. (1) e^x;   (2) $2\sqrt{x}$.

2. (1) $\times$;   (2) $\times$.

3. (1) $\dfrac{x^3}{3}+\dfrac{2}{3}x^{\frac{3}{2}}+\ln|x|+C$;   (2) $\dfrac{5^x}{\ln 5}+4\ln|x|+4x^{\frac{1}{2}}+C$;   (3) $\dfrac{x^2}{2}-2\cos x+\sin x+C$;

   (4) $3\mathrm{e}^x-\dfrac{2^x}{\ln 2}+\dfrac{x^3}{3}+C$;   (5) $-6x^{-\frac{1}{6}}+C$;   (6) $x-\arctan x+C$.

习题 3－3

1. (1) $\dfrac{1}{\sqrt{1+x^4}}$；   (2) $4x\sin 2x$.

2. (1) $\dfrac{1}{10}$；   (2) $2+\dfrac{24}{\ln 5}$；   (3) $\dfrac{\pi^2}{4}+3$；   (4) $\dfrac{\pi}{4}$；   (5) $15+2\ln 2$；   (6) 1.

3. $5-\mathrm{e}^{-1}$.

习题 3－4

1. (1) $\dfrac{\mathrm{e}^2-1}{2}$；   (2) $\dfrac{14}{9}$；   (3) $\dfrac{1}{5}$；   (4) $\dfrac{1}{4}$；   (5) 1；   (6) $\mathrm{e}-1$；   (7) $7+2\ln 2$；   (8) $\dfrac{\pi}{6}$.

2. (1) 10；   (2) $\mathrm{e}-\mathrm{e}^{-1}$.

习题 3－5

(1) $1-2\mathrm{e}^{-1}$；   (2) $\dfrac{3\mathrm{e}^4+1}{16}$；   (3) $\dfrac{\pi}{2}-1$；   (4) $\dfrac{\pi-2}{4}$；   (5) 2；   (6) $\dfrac{\mathrm{e}^{\frac{\pi}{2}}-1}{2}$.

习题 3－6

(1) e^{-1}；   (2) $\dfrac{1}{3}$；   (3) 发散；   (4) $\dfrac{\pi}{2}$；   (5) 2；   (6) $+\infty$.

习题 3－7

1. (1) $\dfrac{3}{10}$；   (2) $\mathrm{e}+\mathrm{e}^{-1}-2$；   (3) $\dfrac{4}{3}$；   (4) 4.

2. $\dfrac{32\pi}{3}$.

3. $\dfrac{\pi}{2},\dfrac{4\pi}{5}$.

习题 3－8

1. 2.45 J.

2. $\dfrac{k(b-a)^2}{2a}$.

3. 3×10^9 J.

4. $\dfrac{\pi}{12}R^2 H^2 \rho g$.

5. $\dfrac{1}{3}\rho g b h^2$.

6. 3 m.

7. $\dfrac{3+\sqrt{5}}{2}$ 或 $\dfrac{3-\sqrt{5}}{2}$.

8. $\left(50+\dfrac{28}{\pi}\right)$ °F.

习题 3－9

1. 36.

2. $1500+3x+40\sqrt{x}$.

3. $200x - \dfrac{x^2}{100}, 200 - \dfrac{x}{100}, 360000$ 元, 180 元.

4. $200 + 2x^2 + 15x, 2(-x^2 + 22x - 100), 1100$ 元, 4200 元.

5. 25 年, $\dfrac{94000}{3}$ 万元.

数学实验(三)习题

1. (1) $x - \dfrac{3}{4}\ln|x-3| - \dfrac{5}{4}\ln|1+x| + C$; (2) $\dfrac{1}{2}e^x(-\cos x + \sin x) + C$.

2. (1) $\dfrac{\pi^3}{8} - 3\pi + 6$; (2) $\dfrac{8191}{26}$.

复习题三

1. (1) $\dfrac{d}{dx}\left[\ln(x + \sqrt{x^2+1}) + C\right] = \dfrac{1}{x + \sqrt{x^2+1}}\left(1 + \dfrac{x}{\sqrt{x^2+1}}\right) = \dfrac{1}{\sqrt{x^2+1}}$;

(2) $\dfrac{d}{dx}(\ln|\tan x + \sec x| + C) = \dfrac{1}{\tan x + \sec x}(\sec^2 x + \sec x \tan x) = \sec x$.

2. (1) $\dfrac{3}{10}x^{\frac{10}{3}} + C$; (2) $x^3 - x + \arctan x + C$; (3) $-\dfrac{1}{8}(3-2x)^4 + C$; (4) $\dfrac{1}{2}\sin x^2 + C$;

(5) $-\dfrac{1}{3}(1-x^2)^{\frac{3}{2}} + C$; (6) $\dfrac{1}{a}\arctan\dfrac{x}{a} + C$; (7) $\sqrt{2x} - \ln(\sqrt{2x}+1) + C$;

(8) $2\arcsin\dfrac{x}{2} - \dfrac{1}{4}x\sqrt{4-x^2}(2-x^2) + C$; (9) $\ln(x + \sqrt{x^2+a^2}) + C$; (10) $-\arcsin\dfrac{1}{|x|} + C$;

(11) $x\sin x + \cos x + C$; (12) $\dfrac{x^2+1}{2}\arctan x - \dfrac{x}{2} + C$; (13) $\ln|x^2 + 3x - 10| + C$;

(14) $\dfrac{1}{2}\ln(1+x^2) + \dfrac{1+x}{2(1+x^2)} + \dfrac{1}{2}\arctan x + C$.

3. (1) $\dfrac{d}{dx}\displaystyle\int_0^{x^2}\sqrt{1+t^2}\,dt = 2x\sqrt{1+x^4}$; (2) $\dfrac{d}{dx}\displaystyle\int_{x^2}^{x^3}\dfrac{dt}{\sqrt{1+t^4}} = \dfrac{3x^2}{\sqrt{1+x^{12}}} - \dfrac{2x}{\sqrt{1+x^8}}$.

4. (1) $\dfrac{271}{6}$; (2) $\dfrac{8}{3}$; (3) $\dfrac{\pi}{6} - \dfrac{\sqrt{3}}{8}$; (4) $(\sqrt{3}-1)a$; (5) $\dfrac{e^\pi - 2}{5}$; (6) 0.

5. (1) $\dfrac{\pi}{4}$; (2) $\dfrac{8}{3}$.

6. (1) $S_A = 1, V_x = \pi(e-2)$; (2) $S_A = 4, V_x = \dfrac{128}{7}\pi, V_y = \dfrac{64}{5}\pi$; (3) $V_x = \dfrac{136}{15}\pi$.

第四章 常微分方程

习题 4-1

1. (1) 不是; (2) 是,二阶; (3) 是,一阶; (4) 是,一阶.

2. (1) $y = \dfrac{C}{x}$; (2) $e^y = \dfrac{C(x-1)}{y-1}$; (3) $e^{\frac{y^2}{2}} = C(1+e^x)$; (4) $y = Ce^{\sin x}$.

3. (1) $y = e^{2x}$; (2) $y = e^{2-\cos x}$.

习题 4-2

1. (1) $y = e^{-x}(x+C)$; (2) $y = 1 + Ce^{\cos x}$; (3) $y = (1+x)(e^x + C)$; (4) $y = \dfrac{(x+1)^4}{4} + C(x+1)^2$.

2. (1) $y = 3e^{-x^2} - 1$; (2) $y = \dfrac{x^3}{2} + \dfrac{x^2}{2}$.

习题 4－3

1. (1) $y = C_1 e^{-x} + C_2 e^{-2x}$; (2) $y = C_1 + C_2 e^{5x}$; (3) $y = C_1 e^{4x} + C_2 x e^{4x}$;

   (4) $y = e^{-\frac{x}{2}} \left(C_1 \cos \frac{\sqrt{7}}{2} x + C_2 \sin \frac{\sqrt{7}}{2} x \right)$.

2. (1) $y = 4e^x + 2e^{3x}$; (2) $y = 2e^{\frac{x}{2}} - x e^{\frac{x}{2}}$; (3) $y = e^x (\cos x + \sin x)$.

习题 4－4

1. (1) $y = C_1 e^{3x} + C_2 x e^{3x} + \frac{2}{9} x^2 + \frac{5}{27} x + \frac{11}{27}$; (2) $y = C_1 + C_2 e^{-x} + x \left(\frac{2}{3} x^2 - 2x + 1 \right)$;

   (3) $y = C_1 e^{-2x} + C_2 e^x - \frac{1}{2} e^{-x}$; (4) $y = C_1 e^{3x} + C_2 e^{-x} + x \left(\frac{1}{8} x + \frac{3}{16} \right) e^{3x}$.

2. (1) $y = -\sin x e^{-x} + x e^{-x}$; (2) $y = (-\pi - 1) \cos x - 2\sin x + x \cos x$.

习题 4－5

1. $m = m_0 e^{-\frac{\ln 2}{30} t}$.

2. $\theta = 70 e^{-\frac{\ln \frac{7}{4}}{15} t} + 30$.

3. $v = \frac{100g}{k} \left(1 - e^{-\frac{kt}{100}} \right)$.

4. $U_C = 18 e^{-2t} - 16 e^{-3t}$.

数学实验（四）习题

(1) $y = -x^2 + Cx$; (2) $y = -e^{-x^2} (x^2 e^{x^2} - e^{x^2} - 1)$; (3) $y = C_1 e^{3x} + C_2 x e^{3x}$; (4) $y = e^{2x} (1 + 2x)$.

复习题四

1. (1) 一阶; (2) 二阶; (3) 三阶; (4) 一阶.

2. (1) $y = \frac{1}{5} x^3 + \frac{1}{2} x^2 + C$; (2) $y = C \ln x$; (3) $y = \ln \frac{e^{2x} + 1}{2}$; (4) $(y+1) e^{-y} = \frac{x^2}{2} + \frac{1}{2}$.

3. (1) $y = e^{-x^3} \left(\frac{1}{2} x^2 + C \right)$; (2) $y = \frac{1}{3} x^2 + \frac{3}{2} x + 2 + \frac{C}{x}$; (3) $y = \frac{x}{\cos x}$; (4) $2xy - y^2 = 1$.

4. (1) $y = C_1 + C_2 e^{-2x}$; (2) $y = C_1 e^{2x} + C_2 e^{3x}$; (3) $y = (C_1 + C_2 x) e^{\frac{5}{2} x}$; (4) $y = e^{2x} (C_1 \cos x + C_2 \sin x)$.

5. (1) $y = 2e^{4x} - 2e^{-x}$; (2) $y = 3e^{-2x} \sin 5x$.

6. (1) $y_* = -\frac{1}{2} x + \frac{11}{8}$; (2) $y_* = \frac{1}{3} x \cos x + \frac{2}{9} \sin x$.

7. (1) $y = C_1 e^{-x} + C_2 e^{-2x} + e^{-x} \left(\frac{3}{2} x^2 - 3x \right)$; (2) $y = e^x (x^2 - x + 1) - e^{-x}$.

第五章　向量代数与空间解析几何

习题 5－1

1. 在 x 轴上，在 z 轴上，在平面 xOy 上，在平面 yOz 上.

2. $(1,0,0), (0,-1,0), (0,0,2); (-1,0,0), (0,2,0), (0,0,-4)$.

3. $\left(0, -\frac{7}{2}, 0 \right)$.

4. $(-6, -4, 3)$.

5. (1) $(5,2,2)$；   (2) $(-1,4,6)$；   (3) $(12,7,8)$.

6. 2.

7. $(-2,4,-7)$.

8. $\left(\dfrac{4\sqrt{3}}{3},\dfrac{4\sqrt{3}}{3},-\dfrac{4\sqrt{3}}{3}\right)$.

习题 5 - 2

1. (1) 0；   (2) -1.

2. (1) $(4,-1,6)$；   (2) $(22,-17,-48)$.

3. $\arccos\left(-\dfrac{4}{21}\right)$.

4. -1.

5. -1.

6. $\dfrac{9}{2}$.

习题 5 - 3

1. (1) $x+y+z=0$；   (2) $3(x-2)+2(y-3)+6z=0$；   (3) $\dfrac{x}{5}+\dfrac{y}{2}+z=1$；   (4) $x-6=0$；   (5) $2y+z=0$.

2. $x+3y+2z-5=0$.

3. $z-1=0$.

4. $\dfrac{x-1}{-7}=\dfrac{y+2}{-2}=\dfrac{z}{3}$.

5. $\left(\dfrac{1}{2},-\dfrac{5}{2},-3\right)$.

6. $x-2=\dfrac{y+3}{-1}=\dfrac{z+1}{-2}$.

习题 5 - 4

1. (1) 旋转椭球面；   (2) 双曲柱面；   (3) 球面；   (4) 抛物柱面；   (5) 双叶旋转双曲面；   (6) 单叶旋转双曲.

2. $(1,0,0)$，1.

3. (1) $z=1-x^2-y^2$；   (2) $x^2+y^2+z^2=3,x^2+y^2+z^2=3$.

数学实验（五）习题

1. $(20,4,-8),(7,-2,-2),(4,11,-4),-7,(6,4,17)$.

2. 略.   3. 略.

复习题五

1. $\sqrt{34}$，$\sqrt{41}$，5.

2. $\pm\left(\dfrac{3}{\sqrt{17}},-\dfrac{2}{\sqrt{17}},-\dfrac{2}{\sqrt{17}}\right)$.

3. 2.

4. $P'\left(\dfrac{9}{7},\dfrac{85}{7},\dfrac{17}{7}\right)$.

5. $14x+9y-z-15=0$.

6. $2x-y-z=0$.

7. $x+y-3z-4=0$.

8. $x + 3y = 0$.

9. 1.

10. $\dfrac{2\sqrt{6}}{3}$.

11. $\dfrac{x+3}{4} = \dfrac{y-2}{3} = \dfrac{z-5}{1}$.

12. $16x - 14y - 11z - 65 = 0$.

13. $\dfrac{3\sqrt{2}}{2}$.

14. $\dfrac{x-2}{1} = \dfrac{y+1}{-2} = \dfrac{z-3}{-2}$, $(1,1,5)$.